作者简介

汪品先，1936年生于上海，海洋地质学家，同济大学海洋与地球科学学院教授。1960年莫斯科大学地质系毕业，1981—1982年获洪堡奖学金在德国基尔大学进行科研工作，1991年当选中国科学院院士。专长古海洋学和微体古生物学，主要研究气候演变和南海地质。致力于推进我国深海科技的发展，开拓了我国古海洋学的研究，提出了气候演变低纬驱动等新观点。积极推动深海海底观测，促成了我国海底观测大科学工程的设立。同时，还成功地推进我国地球系统科学的发展，提倡强化科学的文化内蕴，并身体力行促

进海洋的科普活动。著有 Geology of China Seas 及《地球系统与演变》《深海浅说》等大量著作。

1999年在南海主持中国海首次大洋钻探，开我国深海科学钻探之先河。2011—2018年主持国家自然科学基金重大研究计划"南海深海过程演变"，该项目为我国海洋科学第一个大规模的基础研究计划，使南海进入国际深海研究前列。2018年深潜南海，发现深水珊瑚林。

曾获国家自然科学奖、欧洲地学联盟的米兰科维奇奖，以及伦敦地质学会名誉会员、美国科学促进会会士、第三世界科学院院士等荣誉。曾担任中国海洋研究委员会主席、国际海洋联合会（SCOR）副主席、国际过去全球变化计划（PAGES）学术委员会副主任等，发起"亚洲海洋地质会议"系列，并主持全球季风等多个国际工作组。是第6、7届全国人大代表，第8、9、10届全国政协委员。

每一章结尾处都有二维码，扫一扫，可以观看汪品先院士的课程视频！不要错过围观这位B站"百万UP主"的好机会！

目录

第一章　科学家的错误 | *001*

地球是空心的吗？ | *002*

火星社会主义 | *004*

月球来自太平洋？ | *007*

岩石圈还是"货币虫圈"？ | *009*

最早的生物在海底？ | *013*

辟尔唐人——科学超级骗局 | *016*

化石造假三百年 | *019*

"科研女神"现形记 | *023*

"最高科学家"的陨落 | *026*

"造假大王"的撤稿纪录 | *028*

后话 | *032*

第二章　科学家的争论 | *035*

地球与太阳 | *036*

地球年龄之争 | *040*

大洪水还是大冰期？ | *042*

地球变"雪球" | *046*

　　从"核冬天"到"全球变暖" | *049*

　　地中海干枯 | *054*

　　遗传学争论的悲剧 | *057*

　　地球是个有机体？ | *061*

　　后话 | *066*

第三章　　科学家的性格 | *069*

　　阿基米德跳出浴缸 | *070*

　　门捷列夫梦见元素周期表 | *072*

　　牛顿树和牛顿墓 | *075*

　　达尔文与华莱士 | *079*

　　爱迪生与特斯拉 | *083*

　　满门诺贝尔奖 | *090*

　　魏格纳之死 | *096*

　　后话 | *102*

第四章　　科学家和艺术 | *105*

　　达·芬奇是科学家吗？ | *106*

　　《维特鲁威人》与黄金分割 | *110*

　　分形几何与分形艺术 | *114*

　　自然与美术 | *118*

　　显微镜下的艺术 | *122*

　　爱因斯坦的小提琴 | *128*

　　寂静的春天 | *131*

　　科学票友 | *135*

探险家、科学家、大富豪 | 139

后话 | 146

第五章　科学家和视野 | 149

"不可能三角形" | 150

视域和方向 | 154

热带独木林和恐龙高血压 | 159

蜻蜓跨海和白蚁建塔 | 165

"地狱之门"和极地"天坑" | 171

金刚石"大洞"和恶魔线虫 | 175

南极冰下湖和沙漠地下水 | 178

后话 | 184

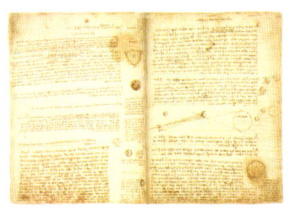

第六章　科学家和寿命 | 187

长寿之星 | 188

生死之辨 | 192

快生活与慢生活 | 196

"世界末日" | 200

为地球"诊脉" | 204

转累了,地球? | 209

"地球生理学" | 213

人类中心论 | 218

后话 | 222

跋 | 225

图片来源 | 229

第一章
科学家的错误

听科学家做研究报告,有点像到剧院里看戏。假如你真要了解演员,不能光看前台,最好到后台,甚至到排练场去看看;同样,想要了解科学家的工作,要知道他们的成功之路,就要到实验室看他们失败的记录。**尤其是涉及源头创新的重大科学问题,最初的各种想法多数都是错的,只有其中一个后来得到证实,才是对的。** 所以深入了解科学家,就要从他们的错误讲起。

地球是空心的吗？

你读过凡尔纳(Jules Verne)的《地心游记》吗？或者你看过前些年的3D电影《地心历险记》吗？在凡尔纳笔下，地心是空的，从火山爬进去，里面有海洋、有野兽，地心就像一个大山洞。可你别以为这就是法国科幻作家的空想，"地球空心说"的来头不小，真的是科学家提出来的，还不是一般的科学家，是位大科学家：他就是"哈雷彗星"那个哈雷(Edmond Halley, 1656—1742)，英国著名的天文学家，不但准确预测了彗星周期，而且对月球运动加速等做出了大量发现。哈雷主张"空心地球"，而其根据来自牛顿(Isaac Newton, 1643—1727)。

1692年哈雷发表论文，提出地球是空心的。因为5年前牛顿发表的《自然哲学的数学原理》中，根据潮汐计算推出月球和地球的质量比是1∶27，经过体积折算，两者的密度比应该是9∶5，地球的密度几乎只有月球的一半，当然只能是空心的了。现在知道这些计算都不对，月球的质量只有地球的1/80，密度也只相当于地球的0.6。但是哈雷的说法在当时很有说服力，18世纪瑞士的大数学家欧拉(Leonhard Euler)也是位主张空心说的热心人，他认为从数学上讲，地球也只能是空心的。

"空心地球"里面是什么？那讨论就热闹了。意见并不一致：哈雷认为"空心地球"分成好几层，各层之间有大气圈隔开（图1.1A）；欧拉认为不分层，地球的中心有个太阳。这就是说，不但地球表层有我们居住，地球里面也可以生活！在20世纪之前，还没有人到过极地，因此1818年美国船长西姆斯(John Symmes)

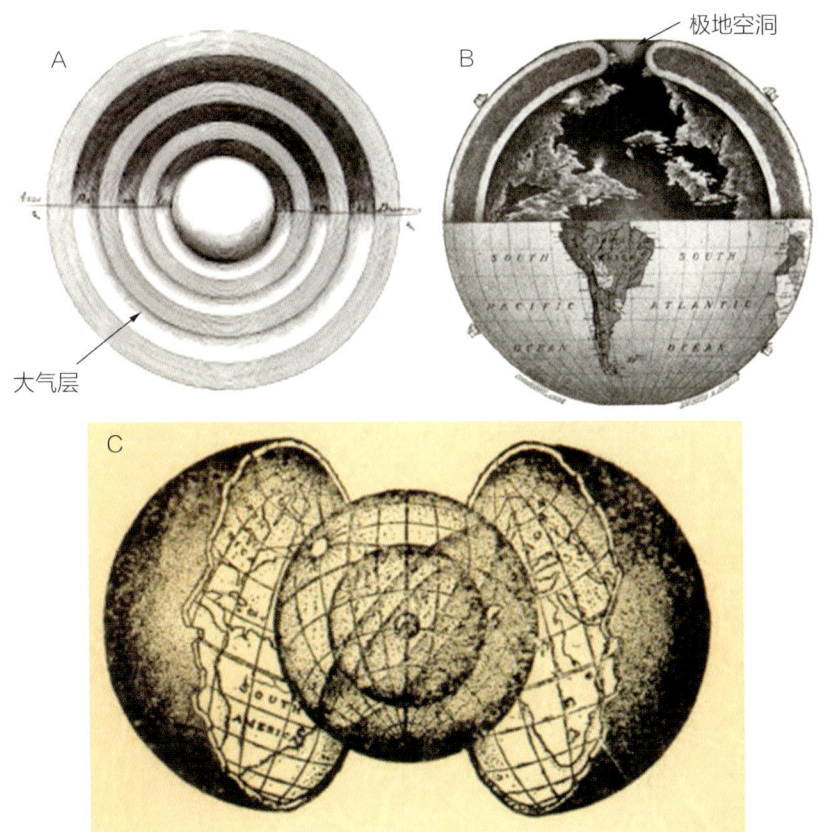

图1.1 "空心地球"假说的三种版本。A.多层型:地球分层,由多层大气隔开;B.空洞型:地球南北极,各有大空洞通向内部;C.翻转型:地球是个空腔,人类生活在其内面,太阳也在地球里面

认为南北两极都是个大窟窿,那里就是进入空心地球的通道(图1.1B),他提议筹款,要组织探险队去寻找这北极的空洞。恰好1846年在西伯利亚冰下发现了一头完整无损的猛犸象,这立刻成了"空心地球"的证据:你看,它不就是刚从北极空洞里跑出来,活活冻死的吗?

今天看来十分可笑,地球内部的物质密度随着深度增大,"地球空心说"只能是种美丽的错误,可是直到20世纪初这些说法还在发酵。既然空心地球里有山有水有生物世界,两极又有大窟窿开口,那就不知道有多少似是而非的故事可以编制。比如说两极上空的极光,那就是从空心地球发射出来的光;再比如说地球的形状南北偏扁,就是因为两极都是窟窿;至于极地探索之所以不成功,也是因为南北极都是空洞,所以"探极"永远不可能实现。虽然后来探险家很快就到达了两极,使这类说法不攻自破,可是汇集这种种说法的《极地幻影》一书于1906年出版后经久不衰,成了"地球空心说"的经典著作。

与此同时,"地球空心说"也还有版本翻新。最为惊人的是一位美国教主提出的"翻转型":他认为地球像一个空腔,当中有个太阳,人类并不是在地球的表面,而是生活在空心地球的内面(图1.1C)。伪科学并不需证据,各种稀奇古怪的说法都会有人提出。比如有人想象地球内部有先进的人类社会,我们看到的飞碟就是从地球里面飞出来的,用不着追溯到外星球去。更有甚者,1947年有人相信希特勒并没有死,而是通过阿根廷从南极躲进了地球内部。

凡是科学上稀奇古怪的想法,最容易从人类知识缺乏的弱点处产生,地球内部就是一例。其实,地球以外的星球更加容易引发各种想入非非的假说。比如说火星,这是地球以外人类了解最多的行星,但是产生的误会也最大:19世纪末,还真以为火星上有人!

火星社会主义

1877年火星大冲,那是观测火星的最佳时机。意大利米兰的布雷拉天文台,负责人叫斯基亚帕雷利(Giovanni Schiaparelli),他抓住机会绘制了第一张火星的详细地图。他用的是21厘米的望远镜,19世纪的望远镜质量不高,加上这位先生又患有色盲,看到的火星很不清楚。但还是能区分出亮的和暗的区域,他分别解释为陆地和海洋,并且看到有许多狭窄的暗线连接着暗区,于是他用意大利文称之为"canali",相当于中文的"水沟"(图1.2)。

然而把火星"炒热"的,并不是这位意大利天文学家,而是美国富翁洛厄尔(Percival Lowell)。天文学是他的业余爱好,斯基亚帕雷利的发现对他来说太为重要,因为这可能是重大突破的预兆。西方语言虽多,但是大同小异。意大

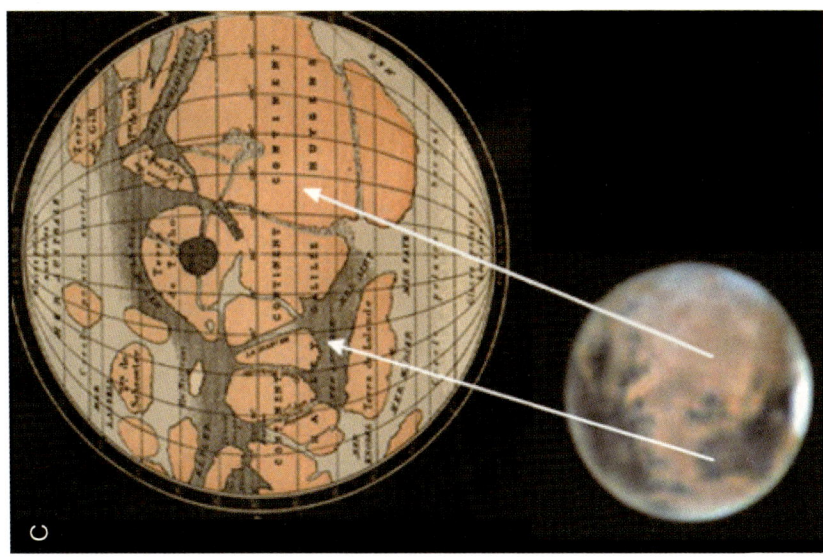
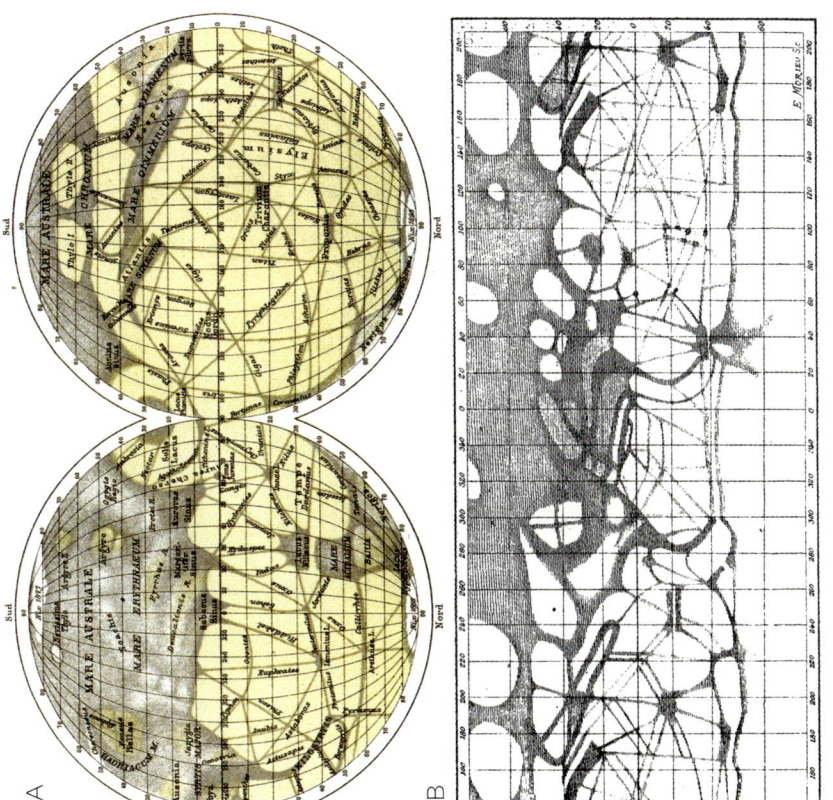

图1.2 斯基亚帕雷利1877年绘制的火星图。A,火星表面:黄色为陆地,灰色为海洋;B,火星上的"水沟";C,实际观测(下)和作图解释(上)的比较

利文的水沟"canali"翻译到英文里该是"channels",但是直接叫成"canals"岂不更近,不过在英文里那就是"运河"。运河是要建造的,于是洛厄尔决定来寻找火星上的智慧生命。

当时学术界对这类炒作很有保留,因为观测的依据过于模糊(图1.2C),但是社会反响却极其强烈。火星上的"运河"规模太大,那不是巴拿马运河、苏伊士运河的尺寸,至少有红海的规模,可见火星上栖息着比地球人类更加先进的智慧生物。再说如此大规模的工程,需要有极强的组织能力,由此推想,人类刚开始宣传的社会主义,已经在火星上得到实现!

1894年火星再次大冲,洛厄尔在亚利桑那州择址建造了一座装有60厘米望远镜的私人天文台,用15年的时间拍摄了数以千计的火星照片,绘制了500多条火星"运河"。他发现亮区和暗区有着季节变化,在"运河"交汇的地方,他还画出了"绿洲",尽量表示火星上真的存在智慧生命。根据这类观测,他发表了多种著作加以宣传:1895年的《火星》,1906年的《火星及其运河》,以及1908年的《火星是生命之源》。

1908年,俄国革命家、医生波格丹诺夫(Александр A. Богданов)发表了关于火星的科幻小说《红色星球》(图1.3A),这不仅是因为火星表面被氧化铁染成

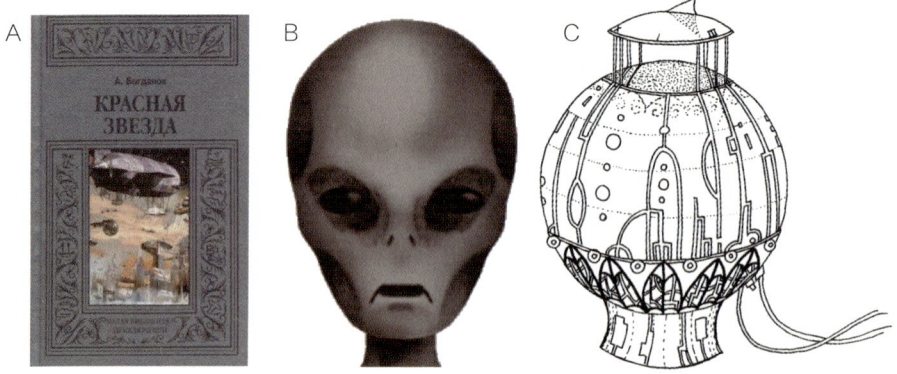

图1.3 波格丹诺夫的科幻小说《红色星球》。A.封面;B.书中描述的火星人;C.书中的星际飞行器

红色,更因为火星上已经实现了社会主义。《红色星球》讲的是地球上的革命家应火星革命家的邀请,乘坐铝质飞行器前往火星(图1.3C),和火星人共商星球社会主义的革命大业。波格丹诺夫曾经是列宁的战友、布尔什维克的思想家,虽然这部100多年前的作品现在读起来在许多方面显得过时,但是这本书开创了俄国科幻小说的先河。

跟着来的还有火星人(图1.3B)。不过使得"火星人"家喻户晓的不是这些人,而是英国作家威尔斯(Herbert Wells)。1898年,他发表的科幻小说《星际战争》开创了"火星人来袭"的主题,激起了后来"星球大战"型影片和小说的高潮。但是,建立在错误科学基础上的炒作很难延续长久。1960年代,随着火星探测器发射成功,发回来的照片一下子击碎了"运河"梦,有关火星的种种幻想顿时熄灭。

月球来自太平洋?

假如今天还是1936年,你去收听美国教育部的儿童电台节目,你就会听到:

> 老师:"你听说过月亮从前是在今天太平洋的位置上吗?很久很久,大概在十亿多年前,那时候地球还很年轻,地球和太阳间发生了个故事。我们最有学问的科学家告诉我们说,那时候的地球就像个活泼的少女,围着王子般的太阳跳舞,还迷上了太阳,成了他的新娘。可是,太阳的吸引力在地球表面掀起了大潮,一大块突出的山峰因此离开了地球,因为冲力太大再也回不到地球了——月亮,就是这样产生的。"
>
> 学生:"哇!这太棒了!"

这里说的"最有学问的科学家",就是乔治·达尔文(George Darwin, 1845—1912),著名生物学家查尔斯·达尔文(Charles Darwin, 1809—1882)的儿子。查尔斯·达尔文可能因为和表姐近亲结婚,十个孩子三个夭折、好几个有病。其中次子乔治·达尔文是位出色的天文学家,当过英国皇家天文学会会长,他研究的重点是用地球物理的理论研究日-地-月系统的演化。1878年,他在讨论地球-月球系统潮汐摩擦关系时提出假说:月球是地球还在熔融状态时,被太阳的引力拉出来的。

这就是乔治·达尔文的月球成因假说:早年的地球旋转太快,结果被太阳的引力揪出一大块,形成了月亮(图1.4左)。4年之后,著名英国地质学家费舍尔(Osmond Fisher)出来支持,他进一步推论,说太平洋就是月球被甩出去时留下的伤疤。于是"达尔文-费舍尔月球成因假说"在20世纪早期风靡一时。本节开头那个1936年美国电台广播的儿童教育节目,说的就是这"月球甩出论"的假说。

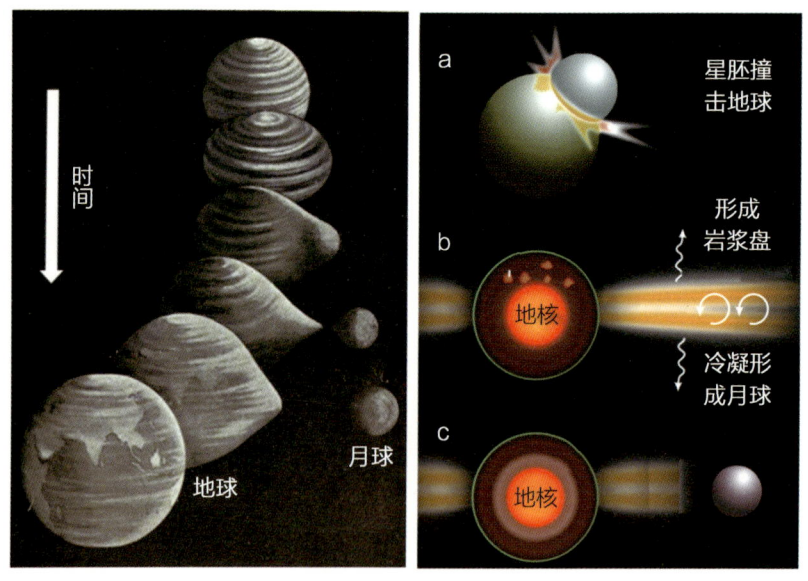

图1.4 月球成因的假说。左:乔治·达尔文的月球甩出成因说。右:现在的月球撞击成因说:a.星胚撞击地球;b.熔融产生岩浆盘;c.岩浆盘冷凝形成月球

这假说对不对呢?要说科学上的假说,历来是证据越少假说越多,月球成因就是这样。除了达尔文-费舍尔"甩出论"的假设之外,还有人提出月球是被

地球俘虏来的"捕获假说",月球和地球一道产生的"共生假说",等等。猜想尽管猜想,关键在于证据。可这要等到1970年代,阿波罗飞船登月采回月岩样品,大洋钻探计划取上了太平洋底的大洋地壳样品,方才真相大白:月球和地球一样老,都是40多亿年的高龄,而太平洋底最老的洋壳不过两亿多年,把月球成因归给太平洋实在过于勉强。

阿波罗探月,不但确定了月球的年龄,还揭示了月球的成因机制。月球表面布满着陨石坑,但是陨石坑的基底是月球形成时的月壳。阿波罗探月带回来的月壳里有斜长石,斜长石是硅酸盐里密度低的矿物,因此只有一种解释:月球形成时出现过岩浆海。在岩浆海里较轻的斜长石上浮,构成现在月球上的高原;而较重的橄榄石和辉石,则下沉成为月球的月幔。

这种岩浆海就像炼钢的钢水,当初在早期地球上也出现过。由此推断:月球是撞出来的(图1.4右)。当太阳系形成还不到一亿年的时候,一颗火星大小的星胚斜向撞击地球,产生的高温使得地球表层连同星胚都一起熔融,产生了围绕地球的岩浆盘,岩浆盘里的硅酸盐一部分返回地球,一部分形成月球,所以地球和月球年龄几乎是相同的。

岩石圈还是"货币虫圈"?

埃及金字塔永远是世界上最吸引游客的奇迹,神奇的是4000多年前的建筑技术。最大的胡夫金字塔(图1.5A),相当于40层的高楼,用230万块、每块2.5吨的巨石堆成,居然牢固地屹立了四五千年。你一定要问,那是些什么样的石头啊?那都是石灰岩。如果你注意金字塔下地面的碎屑,就会找到一些石头风化剥蚀掉下来的小圆片(图1.5C),像硬币大小,那些石灰岩就是它们组成的。但那是什么?

现在知道了,那是一种化石,叫作货币虫,拉丁文学名 *Nummulites*。Nummus 是货币,lithos 是石头,名词本身并没有"化石"或者"虫"的意思。据说这是公元前

图 1.5 金字塔石灰岩的货币虫。A.胡夫金字塔及其巨大的石灰岩块;B.金字塔石灰岩面上的货币虫(浅色);C.两种大小不同的货币虫;D.货币虫的切面,显示出其内部螺旋排列的众多房室

5世纪古希腊的希罗多德(Herodotos)来非洲看到这些小圆片时取的名字,这是位历史学家,不关心化石。确实,这些小圆片大小很像硬币,但是模样更像小扁豆(一种地中海地区至今常用的食品)。后来到了公元前25年,古罗马的历史学家斯特拉波(Strabo)来到金字塔,看到地上这些小圆片,认为就是石化了的小扁豆,说这就是当年建造金字塔的工人吃剩掉在地上的食物。

19世纪古生物学的发展,查明了货币虫的化石身份,因为这小圆片外面光滑,里面可有复杂的生物结构(图 1.5D)。它既不是钱币也不是扁豆,而是属于一类单细胞动物,叫有孔虫。有孔虫是海洋里一种最重要的单细胞动物,有的浮游在海洋上层,有的生活在海底,货币虫就是生活在海底的种类,而且是有孔虫里最大的一类,直径最大可以到十几厘米,像个烧饼。货币虫的生态有点像珊瑚,生活在热带浅海,身体里还有藻类共生,所以很容易分泌碳酸钙形成骨骼。

货币虫现在已经灭绝,但是它们的亲戚仍生活在现在的热带海区,往往和珊瑚礁一起，被称为"大有孔虫"。如果去日本冲绳旅游，最便宜的纪念品是装在小瓶里的"星砂"，也是一种大有孔虫。四五千万年前，地球上气候炎热，正是货币虫的黄金时代，它们在古地中海一带格外繁盛，所以在北非堆积了大量的石灰岩。建造金字塔就地取材，就选用了货币虫灰岩。当时的大洋里货币虫"走红"，不光在古地中海，2017年南海大洋钻探，在海面下面3000米的地层里也找到过货币虫，可见当时货币虫的分布范围扩展到了太平洋。

金字塔的石材从扁豆变成有孔虫，这就是科学。历史学家只看外形，像是扁豆；科学家还要看内部，发现切面里有那么多的房室（图1.5D），是大有孔虫。古生物学家的长处，就是能深入研究化石的结构。不过有时候化石保存不好，好像是又好像不是；再说科学家也会走火入魔，在哪里都会"看到"化石的结构。

一个突出的例子是20世纪初的一位英国古生物学家，叫柯克帕特里克（Randolf Kirkpatrick，1863—1950），他是英国自然历史博物馆的馆长助理，主要研究海绵化石，但是对货币虫情有独钟。他在1912年写了本书，说所有的岩石都是由货币虫构成的。这本书叫《货币虫圈》，副标题是"论证所谓火成岩和大洋红黏土都是生物成因"（图1.6）。这位古生物学家是生物学出身，对于岩石学造诣不深，但是他在各种岩石上到处都"看到"了货币虫的结构，于是把整个岩石圈都说成了"货币虫圈"。当然，这样的书当时就不会被学术界接受，也没有人认真讨论；倒是现在反而有人印刷出版，可以在网上购买阅读，成了独特的反面教材。

现在听起来简直不可思议：怎么会把火成岩说成有孔虫呢？其实这并非孤例。你如果倒

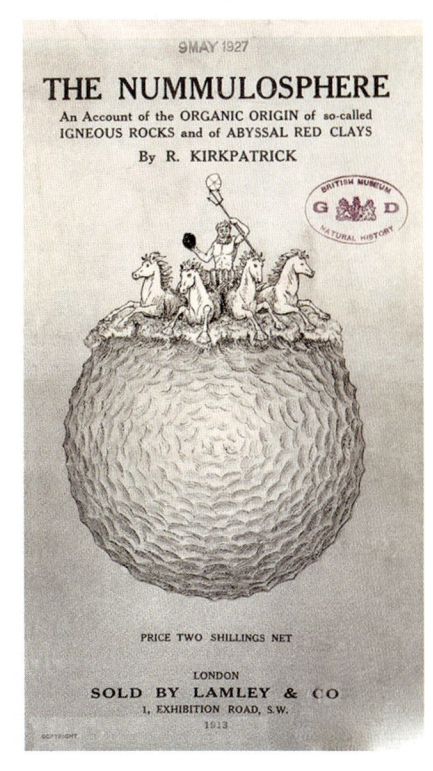

图1.6 英国柯克帕特里克1912年的专著《货币虫圈》

退到19世纪,显微镜开始应用但是质量还不高的时候,有的科学家真的会把想象当作现实。其中一个故事发生在1864年,两位加拿大地质学家宣布发现了世上最早的动物化石"*Eozoön canadense*"(加拿大始祖动物),指的是在渥太华附近元古代结晶灰岩里,看见了微细的管状生物结构,说这是巨大的有孔虫(图1.7)。这桩"发现"当时也曾得到了莱伊尔(Charles Lyell,1797—1875)等地质学权威的高度赞扬,连达尔文在《物种起源》第四版里也曾加以引用。

图1.7 据说是最早的大有孔虫"*Eozoön canadense*"。左:1864年发表的原画;右:博物馆实物标本(标尺为1厘米)

但是奇怪的是这种"巨大的有孔虫"只有变质的结晶岩里才有,从来不见于沉积岩。这种"化石"最显眼的是有细致的纹理,可实际上这是钙质和硅质矿物的层状结构。矿物学家经过显微镜下的仔细观测,认为这是矿物结晶形成的假象,与生物无关。究竟是不是化石?这场19世纪的争论延续了几十年,直到1894年在意大利火山口的结晶灰岩里,也看到了这种"生物结构",才明白真的是结晶矿物造成的假象,这番学术闹剧终于收场。但是想不到一二十年之后,又出现了柯克帕特里克的"货币虫圈",再次重复同样的错误,只是比他的前人走得更远。

从热爱化石到走火入魔,患上到处都看见化石的"毛病",在业余爱好者当中更容易产生。20世纪日本有位内科医生冈村长之助,他在退休之后到处采集化石,然后到日本古生物学会去做报告,说自己发现了只有1厘米长的高等脊椎动物化石,其中还有抱着孩子的人类化石。1983年,他把研究成果写成《人类及全部脊椎动物诞生之地——日本》一书，自费出版，向世界各地分发，最后获得了1996年度"搞笑诺贝尔生物多样性奖"。

以上讲了一连串不成功的故事，当初激动人心的"发现"或者"理论"，后来成了"伪科学"贻笑人间。但是"胜败乃兵家常事"，即便再认真的科学家也难免会犯错误，只要勇于承认并且立即改正，只会提高而不会损害学术声誉，赫胥黎（Thomas Huxley，1825—1895）的经历便是证明。

最早的生物在海底？

这里说的是生物学家赫胥黎，19世纪英国著名的生物进化论者。中国读者是通过严复知道赫胥黎的，因为他就是严复译著《天演论》的原作者，"物竞天择，适者生存"就是从那本书里来的。赫胥黎26岁当选英国皇家学会会员，58岁当上皇家学会会长，他和达尔文有同样大的石像，并列在伦敦的英国自然历史博物馆里。赫胥黎无疑是科学史上的伟人——但是现在要讲的是他犯过的错误。

1859年达尔文发表《物种起源》，进化论的提出激起了学术界的争论。一个不可回避的问题是生命如何起源，也就是说生命如何从无机世界里产生。恰好在1860年，法国巴斯德（Louis Pasteur）的发酵实验成功，证明有了微生物才有生命过程，否定了自然发生论。进化论主张生命起源是从无机物合成有机物，这一理论迫切需要找到证据，需要找到最原始的生命。

德国动物学家海克尔（Ernst Haeckel，1834—1919）和赫胥黎一样，都是达尔文进化论的铁杆支持者。海克尔在1866年提出有一类最原始的微生物，就是一团原生质，没有结构，没有细胞核，叫作"原核类"（Monera），而这时候赫胥黎正在显微镜下分析深海的软泥。他在观察大西洋的样品，具体说是1857年从爱尔兰西北深海采回来的样品时，发现其中就有这种黏液状的结构，不过里面还有细小的颗石(coccolith),也就是今天说的钙质超微化石(图1.8C)。于是他得出结论:这种无定形的黏液状物质就是科学家寻觅中的原始生物,其中的颗石就是它的内骨骼,和海绵身体里有骨针是一个道理。赫胥黎还为这种"生物"取了名字,因为产于深海,属名就叫 *Bathybius*(即"深海生物",希腊文 bathys 意为"深",bios 意为"生命"),并且以海克尔的姓氏作为种名 *haeckelii*,以示尊敬,这就是赫胥黎发现的原始生命"海克尔深海生物"(*Bathybius haeckelii*)(图1.8B)。

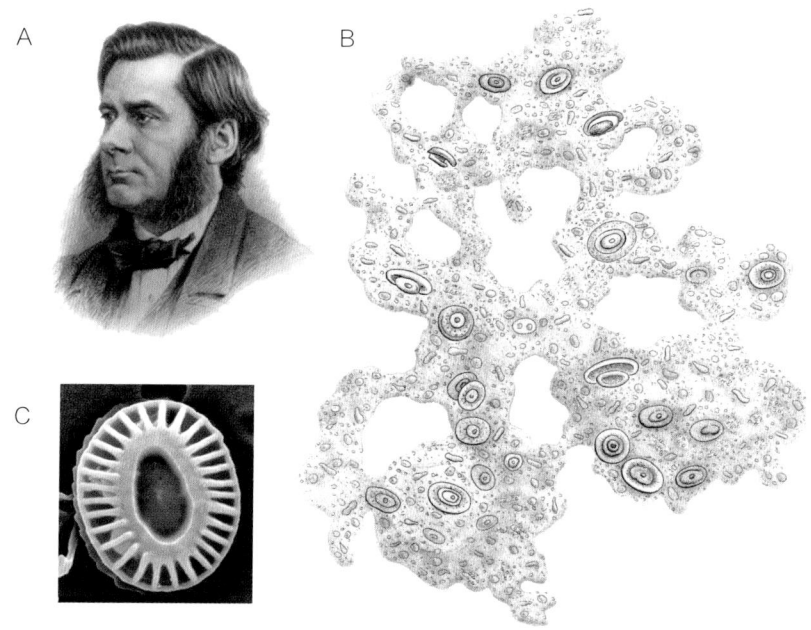

图1.8　赫胥黎误以为"发现"了"原始生命"*Bathybius haeckelii*。A.赫胥黎;B.手绘的 *Bathybius haeckelii* 镜下观;C.颗石

海克尔获知深海原始生命的发现当然极为兴奋,立即以 *Bathybius haeckelii* 作为证据,在1868年正式提出了生命起源于原始黏液的假说。这项发现在科学界产生了不小的轰动效应,科学家们不但从北大西洋,还从南大西洋、印度洋等不同海域的深海样品里,都找到了这种黏液状"原始生命"*Bathybius haeckelii*,并且得出结论:全世界大洋的底面,都被这种原始生命的黏液所覆盖。至于里面的颗石,海克尔早就在海洋沉积里看见过,coccolith 的名字还是他取的。颗石

在陆上的地层里也有广泛出现,可见这种原始生命在海洋里一直存在,贯穿了整个地质历史。

既然深海海底发现了原始生命,生物学界接着就要求进行深海探索,于是催生了海洋科学历史上首个最重要的航次:英国"挑战者号"军舰的环球航行。从1872年到1876年,"挑战者号"穿越三大洋,历时1000天、航程109 000千米,在362个站位进行全套测量和采样,取回的材料经过23年的分析研究,最后出版了50卷、29 500页的研究报告,是一次空前的科学壮举。当然,从"挑战者号"启航开始,采集深海 *Bathybius haeckelii* 样品就是考察任务的重中之重。

但奇怪的是直到航行结束,都没有发现这种期盼中的生物。反倒是船上的化学家发现:将酒精注入样品时与海水反应,立即就会产生这种黏液状的物质,但这不是生物而是硫酸钙!通过比较发现:深海软泥凡是注入了酒精的,都会产生这种黏液。于是真相大白:当初赫胥黎发现"原始生命"的软泥,就是好几年前采集、一直保存在酒精里的软泥样品,而不加酒精的新鲜软泥里没有这种"原始生命"。这样,"挑战者号"的环球航次,澄清了这场19世纪的深海"原始生命"之谜。

1875年航次接近尾声,首席科学家汤姆孙(Charles Thompson)写信给赫胥黎,如实告知了这项令人失望的消息。赫胥黎不失其大家风度,第一时间就主动承认了错误,第二年写信在《自然》杂志上刊登,及时澄清了这场误会。这种坦率而诚恳的表现,使他在学术界的地位非但不降,反而上升。1883年他当选皇家学会会长,1893年的报告被译成《天演论》,都发生在此事之后。

其实,黏液与生命起源的关系这一科学问题并没有解决。后来有人怀疑:赫胥黎发现的不见得就是酒精和海水产生的硫酸钙,也有可能是"海雪"带来的黏液,所以还是有机物质。近年来发现胞外聚合物(Extracellular Polymeric Substance,EPS)和生物膜的重要性,又将"黏液"重新推上了学术前沿,不禁使人重新回想起19世纪"原始黏液"的假说。科学发展犹如螺旋,有时候古老的设想也有可能在更新的背景下再生。

辟尔唐人——科学超级骗局

达尔文进化论最大的影响,当然是人类产生的理论。人类历史比《圣经》说的要早,可是早到什么时候?最早的人是在哪里出现的?19世纪中期起,早期人类化石就成了科学界寻找的热点。19世纪晚期已经发现了三次冰期,要寻找的就是冰期前的人类化石和石器。学术界一种观点是人类起源在亚洲,既然爪哇有直立猿人,后来又发现周口店"北京猿人",那么人类起源真的在亚洲吗?19世纪晚期,欧洲接连发现粗糙的石器,被认为是冰期前早期人类的"曙石器",但是更为重要的是人类化石,欧洲有早期的人类化石吗?就是在这样的背景下,英国"辟尔唐人"出现了。

辟尔唐(Piltdown)在英国东南,是东萨塞克斯郡(East Sussex)的一个小村(图1.9C)。1908年,据说有个工人在古老的砾石层里找到了个像"椰子"的奇怪

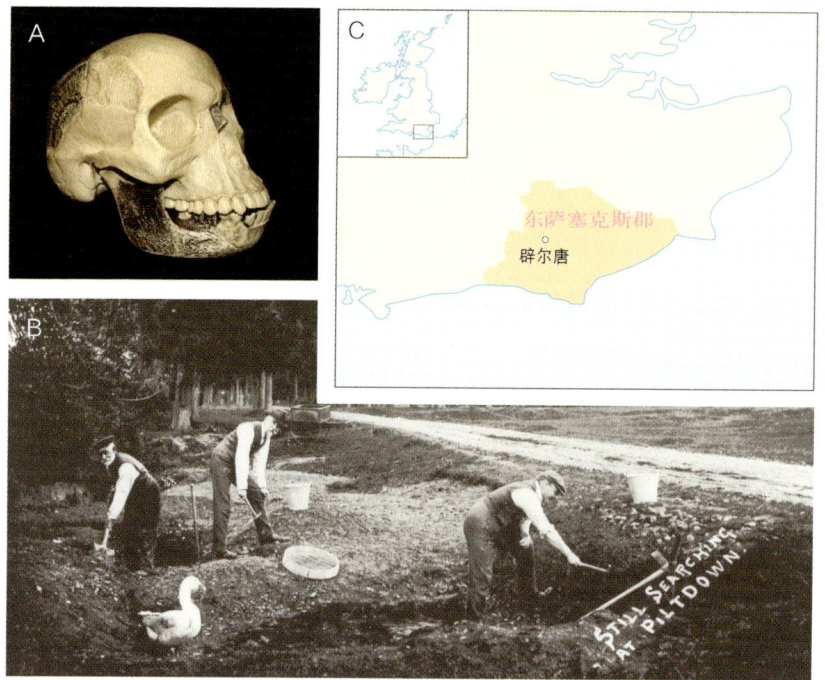

图1.9 "辟尔唐人"化石的发现。A."辟尔唐人"化石的头骨;B.辟尔唐砾石层的发掘现场,右边是道森,中央是伍德沃德;C.辟尔唐位置图

东西,交给了道森(Charles Dawson,1864—1916)。道森是一位律师兼业余地质学家和考古学家,他认出来这是个古人类化石,又去找了英国自然历史博物馆的地质馆长伍德沃德(Arthur Woodward,1864—1944),加上别人又去辟尔唐砾石层找到了更多的化石(图1.9B),因此不但有头骨的碎片和牙齿,还有动物化石和石器。经过古生物学家伍德沃德的复原,得出一个几乎完整的古人类头骨(图1.9A):9块破片合成很像是人的颅骨,而下颌骨却明显是猿形的。

人和猿的性状相互结合的头骨,这不正是寻找中人类起源的证据吗?1912年11月,《曼彻斯特卫报》抢先报道了"辟尔唐人"的重大发现,说"完全可能是地球上已发现的最早的人类遗骸",引起了广泛关注。到12月18日晚,离圣诞节已经只有7天,伦敦地质学会的会场还是挤满了听众,前来听取伍德沃德对辟尔唐人类遗骸的详细介绍。他认为新发现的头骨代表人科的一个新属,定名为道森曙人(*Eoanthropus dawsoni*),以种名纪念发现者。"辟尔唐人"作为早期人类化石的发现,证明了英国在人类演化中享有崇高地位,在国际上产生了重大的"冲击波"(图1.10)。

图1.10　1913年2月14日美国《达科他先驱报》报道英国萨塞克斯古人类化石的发现,刊载"辟尔唐人"的复原图

可是,这桩惊人的重大发现立刻引起了争论。伍德沃德的话音未落,专家里立即有不同的看法产生。在接下去的几年里,有人类学家和动物学家指出:辟尔唐人的下颌骨和颅骨不是同一个体的,颅骨是人的,下颌骨是古猿的。此后的三四十年里,在亚洲、非洲陆续发现了多处早期人类化石,"北京猿人"就是

其中之一,所有的化石下颌骨都是和颅骨一道演化的,像"辟尔唐人"那种颅骨像人、下颌骨像猿的结合,显得越来越别扭。难道这化石有假?

1953年,南非人类学家韦纳(Joseph Weiner)来英国自然历史博物馆开会时,亲眼看到了"辟尔唐人"的原始标本,结果使他彻夜无眠:因为他发现下颌骨是伪造的。对原始标本的仔细观察,使他看到了破绽:牙齿经过锉平、下颌骨经过染色,化石肯定被动过手脚……但是这个念头干系太大,对自己的怀疑经过了一个礼拜的琢磨之后,韦纳才下决心提出来,要求对标本的真实性进行内部检验。

鉴定真伪最简单的办法,是用化石的含氟量进行年龄测定。测量的结果证明他的怀疑是对的:下颌骨是现代的,而颅骨则老得多,两者根本牛头不对马嘴。下颌骨表面的深巧克力色是染上去的,钻进去就没有这个颜色。牙齿化石也是经过锉刀加工的,整个化石原来是个精心制作的伪造品。1954年6月30日,在伦敦地质学会的会议上,辟尔唐骗局被全面揭开,轰动40多年的伟大"发现"烟消云散,一场科学史上最大的骗局终于水落石出。不过破案太晚,辟尔唐事件的直接当事人都已经谢世:道森已于1916年因败血症病逝,伍德沃德也在1944年去世。

但是,是谁设置了这场骗局?为了骗谁?制造这一批假化石并不容易,不但要有心计和投入,还需要有一定的专业基础。六七十年来许多人被怀疑过,甚至包括《福尔摩斯探案集》的作者柯南·道尔(Arthur Conan Doyle),因为只有这种人才有设计这类案件的水平,何况他就住在附近,还曾经用车带道森来过这里。2009年,英国利物浦德·葛露特(Isabelle De Groot)教授的团队专门立项,追索辟尔唐事件的祸首,最后得出结论:作案人就是最初的发现人——道森。道森是一位成功的乡村初级律师,对地质学、古生物学都有浓厚的兴趣,24岁就当上地质学会的会士,推测他造假的动机是想做皇家学会的会员,按中国的说法就是当院士。事实上作为"辟尔唐人"的发现者,他已经在1914年获得候选人提名,假如不是在1916年就去世,很可能就真的会当选。假如道森先生果然当选而且长寿,一旦"辟尔唐人"东窗事发,这位"发现家"又将何以自处呢?

化石造假三百年

科学造假五花八门,其中最容易得手的可能就是化石造假,而且至少有300年的传统,因为早在1726年就有著名的"说谎石"(Lügensteine)案件。

事情发生在德国美因河畔的维尔茨堡,附近的三叠纪"壳灰岩"(Muschelkalk)盛产贝壳化石,但是18世纪早期的人们还不知道化石的成因。化石到底是生物的残骸,还是地底下天然形成,甚至是"上帝的玩具",都有人说。当时维尔茨堡大学的医学系主任贝林格(Johann Beringer,1667—1738)教授,就是一位对化石有特殊兴趣而不知道化石成因的人,他专门收集化石精品,尤其对当地壳灰岩里稀奇古怪的标本格外喜爱。贝林格为自己的收藏感到十分骄傲,在1726年出版了自己的图册《符兹堡的石版》(*Lithographiae Wirceburgensis*),故事也就从这里说起。

当时的图册都靠手绘,贝林格图版里的画琳琅满目:飞翔中的蜂蝶和蜂窝(图1.11A),结网的蜘蛛(图1.11B),交配中的蛙类,无奇不有。不但如此,还有日月星辰(包括彗星)"化石"在内(图1.11C、D),甚至还有希伯来和阿拉伯文字。贝林格教授对化石的成因很感兴趣,并且持开放态度,从来对他标本的来源深信不疑。直到有一天,采到了上面写着他贝林格名字的"化石",方才恍然大悟:他上当了!

坑害他的是两位嫉妒他的同事,因为这位贝林格教授崖岸太高、瞧不起人,他们决定捉弄他一下,雇用了年轻小伙子做助手,帮着加工假化石并且送到山上,等着贝林格来"发现"或者"收藏"。后来贝林格感到收藏到位,真的要绘图出书的时候,他们又害怕了,担心事情闹大,放出风声说这许多"化石"是人造

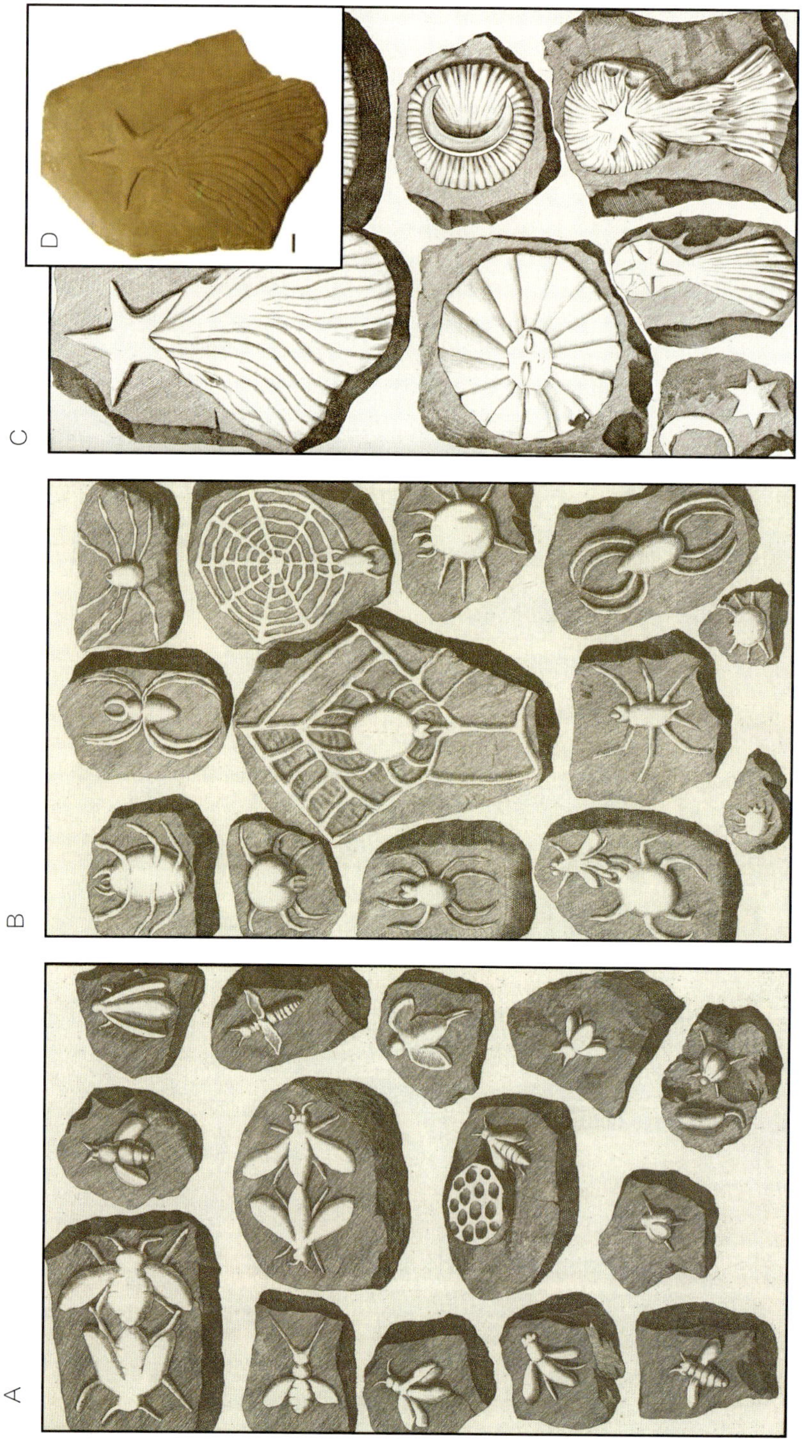

020　科坛趣话

图1.11　贝林格1726年《符兹堡的石版》一书中的图版实例(A—C)，D为博物馆藏"彗星化石"的实物照片

的。不料这一招却更加刺激了教授的决心,还在书里加以批驳。因为18世纪早期化石成因确实说法不一,比如相信地里会冒出来一股什么气,形成今天看来不可思议的"化石",贝林格凭什么要怀疑自己的"发现"呢?

一旦骗局揭穿,这些"化石"就成了"说谎石"。丢尽面子的贝林格,一边想方设法把这些散布出去的书用钱收购,统统给追回来,另一边诉诸法律,追诉两位同事的损害名誉罪。他们两人当然丢掉了饭碗,但是被雇用的青年并没有犯罪,还吵着索要答应了的酬金。贝林格虽然受到了巨大的打击,但仍然在维尔茨堡大学任教直至1738年去世。倒是他的《符兹堡的石版》,已经作为历史教训载入史册,1963年还被译成英文再版。

300年过去了,化石造假可有增无减。要论近年来名气最大的案例,应该是"辽宁古盗鸟"。1999年11月,美国《国家地理》发表文章,报道发现了奇特的动物化石"辽宁古盗鸟"(*Archaeoraptor liaoningensis*)。这是个一半是鸟、一半是爬行类的奇特动物,翅膀是鸟类的,尾巴和后腿却是恐龙的(图1.12)。鸟类起源于爬行类,但究竟是如何演化的,正好是古生物学研究的热点。已经发现了有羽毛的恐龙,古盗鸟的发现恰好充填了恐龙和鸟类之间的空缺。鉴于化石的重要性,10月里抢在文章发表之前,《国家地理》先在华盛顿举行新闻发布会,隆重宣布了这项重大发现。

但是好景不长,当年的12月就发现有假:所谓"辽宁古盗鸟"其实是个拼凑起来的标本,身体和头部是早期鸟类的化石,后面接上了恐龙的尾部。这岂不就是100年前"辟尔唐人"的翻版,出了只"辟尔唐鸟"嘛!负面新闻向来走得快,次年1月,当美国地理学会正式宣布了这项失误之后,立即引起轰动,各大报刊立即报道,并且纷纷议论:这样的失误是怎样发生的?

"辽宁古盗鸟"来自辽西的"热河动物群",那里出了许多世界级的珍贵化石,而化石采集也成了当地的一种职业。和其他著名的化石产地一样,当地已经出现了一批"加工"能手,能够把碎片胶接成"完整的"化石,"辽宁古盗鸟"就是其中的一件"高档产品"。其实这块标本亦非"天衣无缝",在研究过程中,不

图1.12 "辽宁古盗鸟"。上:复原图;下:化石标本

同的专家曾经从不同角度提出过疑问,但是一次次都被忽略了。我们在这里只能拷问科学家:科学史上的这类失误,是不是发现欲太强,压倒了科学家严谨审慎的理智?当然,这只能说是科学家的"失误",加工造假的另有其人。可是一旦科学家本人起了歹心,在自己实验室里造起假来,其后果就不只是损坏学术声誉。

"科研女神"现形记

日本理化学研究所(RIKEN)是日本最大的综合性自然科学研究院,拥有3000多名科研人员、百余年历史,至少出过7名诺贝尔奖获得者。就是这个日本自然科学的最高学府,在2014年出了严重的科学丑闻,导致RIKEN主席引咎辞职,一位副所长上吊自尽。出事的是一位"美女科学家"——"STAP细胞"发现者小保方晴子(图1.13)。

图1.13 "STAP万能细胞"发现人小保方晴子及其导师笹井芳树

2014年1月30日,小保方晴子等在《自然》杂志上发表两篇文章,宣布干细胞研究的爆炸性新闻:新型的"STAP万能细胞"制成!将新生小鼠身上分离的细胞经过弱酸性溶液浸泡,培养数日后就能恢复到未分化状态,具备分化成任何细胞类型的潜能,这种培育干细胞的新方法称作"刺激触发的多能性获得"(STAP)。干细胞研究开拓了再生医学的途径,而"STAP细胞"的发现,提供了培育干细胞的捷径,无疑是生命科学的重大突破。

尤其轰动的是发现人小保方晴子,这是位31岁的女博士,3年前刚拿到早稻田大学博士学位,现在一举取得震惊世界的学术成果,其意义已经超出科学范畴,被称为"日本最美科研女神""日本的居里夫人"。当时的日本首相安倍晋三在议会里称赞道:"年轻的研究者小保方君,以柔软的思维做出了震惊世界的万能细胞。日本要成为世界上女性最闪耀的国家,以此为目标而拼尽全力。"

可是和这耀眼光环一同出现的,还有一片疑云:有10位杰出的干细胞学家表示,小保方的研究结果无法重现;同时还发现,《自然》论文里的两幅照片和她2011年博士学位论文里的完全相同,却被说成是不同实验的结果(图1.14)。不

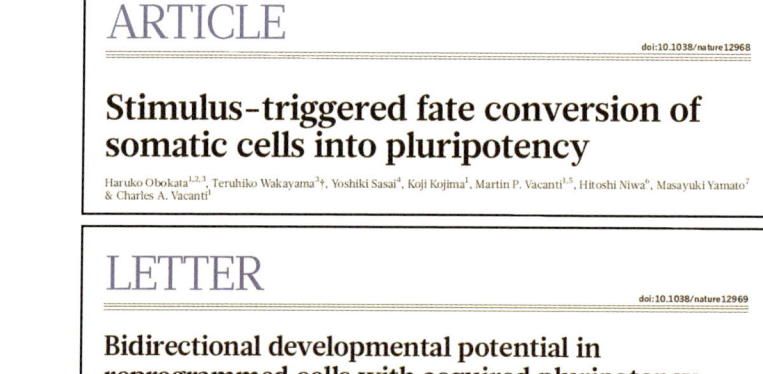

B　小保方晴子等
　　《自然》杂志(2014年1月)
　　图2e

　　小保方晴子
　　博士论文(2011年2月)
　　图14

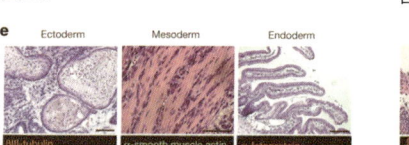 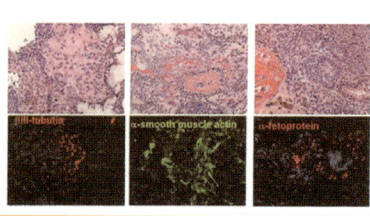

相似

图1.14　"STAP万能细胞"的论文。A.2014年1月30日《自然》杂志同时发表小保方晴子两篇论文;B.《自然》杂志用的图片(左)和她3年前博士论文里的图片(右)极其相似,却被说成是两个不同实验的不同成果

仅如此，她那篇早稻田大学的英文博士学位论文，占 1/5 篇幅的 20 多页内容几乎与美国国立卫生研究院网站上的一篇科普文章完全相同，甚至包括语法错误。虽然当年 4 月的记者招待会上小保方晴子依然咬定 STAP 万能细胞确实存在，但是直到 12 月也未能再度验证做出这种细胞的实验。于是，确定论文作假，"科研女神"的形象破灭。

2014 年 7 月，《自然》杂志同时撤回了小保方晴子的两篇论文；12 月她从理化学研究所辞职；2015 年 11 月，早稻田大学正式取消小保方晴子的博士学位。但是出人意料，反应最为强烈的居然是她的导师笹井芳树，2014 年 8 月 5 日上午，他在单位的一栋研究楼内上吊自尽。这位 52 岁知名学者的突然自杀，引起了日本国内外一片惋惜声。他是日本理化学研究所发育生物学中心的副主任，早在 2005 年就曾诱导干细胞形成视网膜，是干细胞研究的领军人物，被认为是离诺贝尔奖最近的人。《自然》杂志立即载文悼念这位"干细胞研究最亮的明星之一"，2019 年《细胞-干细胞》(*Cell Stem Cell*) 杂志还发表专文评价笹井芳树的学术贡献，因为是他的团队开拓了研究的新方向。

但是小保方晴子本人的反应，却远没有那样强烈。尽管从事学术工作的道路已经切断，被取消博士学位后三个月她出版了一本《那一天》，一个月就售出 25 万册，成了当年的畅销书。这本书的封面上写着"歪曲真相的到底是谁？关于 STAP 骚动的真相、生命科学界的内幕、讲述被烈火焚身之人不为人知的一面的震撼手记"，可见这绝对不是作者的忏悔录。接着她又接受日本著名尼姑作家濑户内寂听的采访，诉说自己的苦恼，在《妇人公论》刊物上公之于众。

也许更加令人意外的是出现在时尚杂志上的小保方晴子。2018 年，面貌焕然一新的小保方晴子出现在《周刊文春》杂志的"原色美女图鉴"版块上，无论容貌还是衣着都是今非昔比，有人追问是不是经过整容。近来有媒体爆料，说她在东京一家高档的法式蛋糕店工作，还看见她在麻将馆里作方城之戏。看起来这位当年的"最美科研女神"，即便失去了"科研"二字，依然风光不减。

"最高科学家"的陨落

"STAP细胞"事件固然轰动一时，但是毕竟还是学术界内部的事情。案件更大就会触犯刑律，科学造假闹到要由法院出面处理的，那就是韩国原来的"最高科学家"黄禹锡。

1953年出生的黄禹锡并没有留学经历，1982年在首尔大学（旧译汉城国立大学）接连拿到三个学位之后留校任教。1985年在日本北海道大学进修时他接触到克隆技术，之后开始了研究的新方向，回韩国短短几年里就创造了多个世界第一：1999年在世界上首次培育成体细胞克隆牛；2002年克隆猪成功；2003年在世界上首次培育出"抗疯牛病牛"；2005年又培育出世界首条克隆狗"斯纳皮"（图1.15左）。这些成果，使他成为国际生命科学领域的权威人物，尤其在韩国成了民族英雄。韩国政府授予他韩国"最高科学家"荣誉，发行了一套专门的

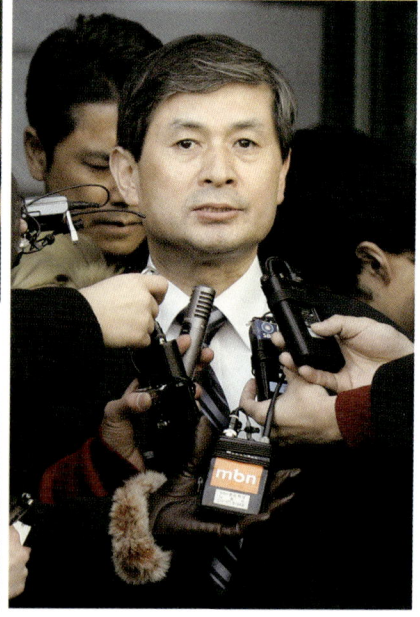

图1.15　黄禹锡在2005年一年里经历的两种处境。左：成功培育出世界首条克隆狗"斯纳皮"；右：被解除首尔大学教授职务

邮票，一年里就给予2650万美元的政府拨款。黄禹锡成了韩国的"国宝"，甚至享受政府提供的保镖服务。

2005年，黄禹锡的国际荣誉达到顶点。美国《时代》杂志评选的年度最重大发明，克隆狗"斯纳皮"荣列榜首；美国《科学美国人》杂志将黄禹锡评为"年度科研领袖人物"；10月，世界首家国际干细胞研究中心在韩国首尔成立，美国各大报将黄禹锡称为"干细胞研究大王"。

那么问题出在哪里呢？2004年2月黄禹锡在美国《科学》杂志上宣布，在世界上率先用卵子成功培育出人类胚胎干细胞；2005年5月，他又在《科学》杂志上发表论文，宣布攻克了利用患者体细胞克隆胚胎干细胞的科学难题，为全世界癌症患者带来了希望。这些研究成果轰动了世界。谁知道正是这两篇文章，成了他科学生涯的转折点。先是有人提出他违背伦理约定，获取妇女卵子用于克隆研究；进而指控他《科学》杂志上的文章将两个干细胞系夸大为11个干细胞系，而且这两个胚胎干细胞系也并非体细胞克隆干细胞，而是受精卵胚胎干细胞。在一系列猛烈的揭发攻势下，黄禹锡的成就除了克隆狗以外，几乎一下子都变成了伪造。

2005年，《科学》杂志撤销了黄禹锡这两篇被认定造假的论文，首尔大学解除了他的教授职务，韩国政府也取消了他"最高科学家"的称号，一时间黄禹锡的形象轰然倒塌，名誉扫地（图1.15右）。不仅如此，黄禹锡作为韩国克隆技术研究开发的总负责人，曾经获取政府大量资金支持，现在还需要受到法律的追究。经过多年的反复审理，到2014年韩国最高法院方才做出终审判决：以涉嫌欺诈和挪用公款等罪名，判处黄禹锡有期徒刑18个月，缓期2年执行。法院在判决中称，黄禹锡不仅从数十亿韩元的研究经费中私自挪用了将近8亿韩元（约相当于80万美元），还涉嫌非法获取人体卵子用于实验。

但是黄禹锡并没有就此倒下。失去了首尔大学教授职位后，他又寻找其他途径继续进行克隆研究。毕竟克隆狗的成绩无人质疑，黄禹锡在"造假事件"处理半年后就向法院上诉，要求恢复他首尔大学的教授地位，说首尔大学解雇他，是基于一次内部调查后取得的"被歪曲的、夸大其词的证据"。2006年他聚集了

30多名以前实验室的工作人员,靠私人资金重新建立研究机构开展工作。在科研丑闻之后的年月里,他还是获得了美国、澳大利亚和加拿大的专利,据说在2006年后的三年里就发表了27篇SCI论文,目前还正在和中国的地方实验室进行合作研究。

"造假大王"的撤稿纪录

韩国法院判处黄禹锡的罪名,主要是欺诈和挪用资金,但是考虑到他的学术成就,给予缓刑两年。科学界单纯因为学术造假而锒铛入狱的例子极少,但也不是没有:将近10年前,一位旅美韩国科学家因为学术造假,在美国真的被判刑坐牢。

这里说的是助理教授韩东杓。他2008年到美国参加艾滋病疫苗研究项目,发现兔子体内产生艾滋病病毒抗体,一度被学术界认为是重大突破。但在2013年初,哈佛大学研究人员验证韩东杓所在团队的实验结果时,发现有问题。经调查证实后,韩东杓本人也供述,起初误把含有抗体的人血与兔子血混合,从而导致实验结果看似兔子体内产生抗体。他发现了错误,但是隐瞒不报,而且继续造假,理由是不想让导师"失望"。其实韩东杓入狱时已经58岁,绝不是个初出茅庐、少不更事的学术青年。

骗局曝光后韩东杓辞职,并被禁止3年内参与任何美国政府资助项目。但是一位联邦参议员认为处理太轻,改由美国联邦检察部门重新提出刑事指控,最后以伪造研究数据和提交不实报告以获得政府资助的罪名,判处韩东杓入狱57个月,并偿还720万美元研究经费。

重罚的原因可能是特别针对生物医学领域,因为该领域错误的"学术"成果可以直接危害生命。然而偏偏在这个领域,近十几年来的学术造假愈演愈烈,由此导致的学术论文撤稿数量也在急剧上升。根据PubMed国际文献数据库资料统计,截至2018年初至少有6485篇被撤稿的文章,并且集中出现在最近的10

年里(图1.16),撤稿的原因大多都与撰稿人的学术行为不端有关。

发人思考的是,在生物医学各大领域中,撤稿数以围手术期(perioperative)(包括麻醉和重症监护)领域所占的比例最高,在因学术不端而撤稿的论文排行榜中高居首位,原因可能是有个别研究者的学术造假达到了登峰造极的程度。30年来被撤稿的375篇围手术期的论文中,有4名研究人员的论文就占到了300篇,被谑称为"撤稿大王"。

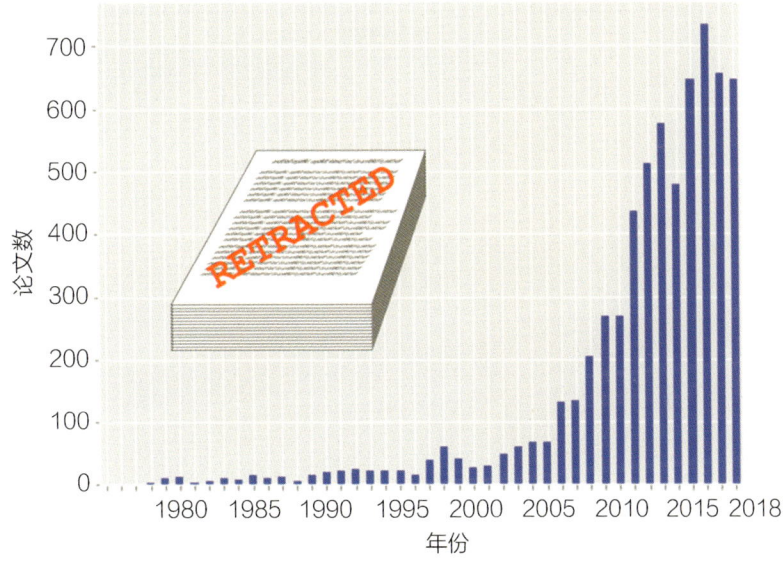

图1.16 生物医学领域被撤稿论文数的增长趋势

按数量排队,高居榜首的是日本麻醉医生藤井善隆。这是位麻醉领域的专家,重点研究手术后恶心和呕吐的预防,从1990年到2012年发表了200篇文章。2000年,有人向《麻醉与镇痛学报》编辑致函,认为藤井善隆的数据过分完美。2012年,有人对他在麻醉期刊上发表的168篇论文中所列出的33个变量进行统计分析,发现这些数据真正出现的可能性小于1×10^{-33}。最终调查表明,藤井善隆在其20年的学术生涯中发表的文章有183篇涉及伪造数据(图1.17),从而使他成为目前单个作者撤回论文数量最高纪录的保持者。藤井因为学术造假,已经被他所供职的大学解聘。

第二名是德国的博尔特(Joachim Boldt),他也曾是位麻醉领域的知名专家,在人工血浆和静脉输液方面享誉全球,1986年至2011年发表了350多篇论文。他的研究主要集中在重症监护中胶体液的使用,特别是使用羟乙基淀粉的优势。2009年底的文章也是因为研究结果太过完美,使读者难以置信。追查的结果表明,他的大多数论文都缺少研究文档,存在虚假数据,导致他有96篇论文被撤回(图1.17),并被所在的大学和医院解雇。

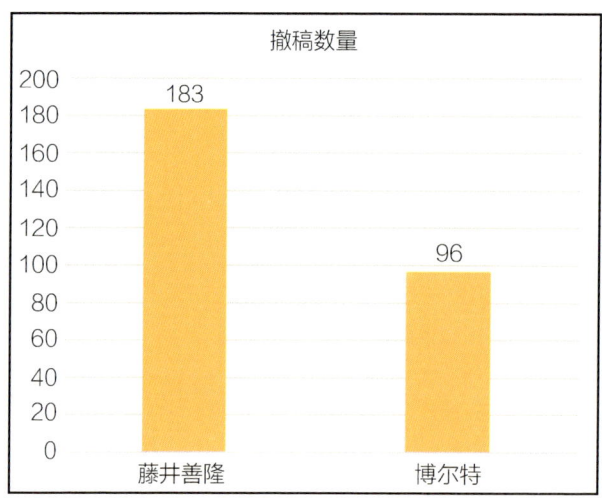

图1.17 被撤稿论文数的"冠亚军":日本藤井善隆183篇,德国博尔特96篇(据2019年统计)

按照被撤稿的论文数量,麻醉领域的藤井和博尔特堪称"冠亚军"。生物医学界的研究成果是治病用的,学术造假会将成千上万患者的生命置于危险之中,这类危险当然不限于麻醉领域。比如2018年,美国前哈佛医学院教授、再生医学研究中心主任安维萨(Piero Anversa)的31篇医学论文,因涉嫌伪造和篡改实验数据而被撤回,其造成的影响也许更为严重。他声称发现了心脏中含有可再生心肌的干细胞,从而开创了心脏干细胞疗法。然而,当其他的研究团队重复这一实验时,结果都失败了。哈佛大学经过检查发现论文造假,通知所有相关期刊:"心脏中没有干细胞。不要再发布这些结果了。"安维萨教授在2015

年关闭了哈佛的实验室,从哈佛医学院离职。

学术造假自然不会局限于生命科学,比如物理学就有舍恩事件。德国人舍恩(Jan Hendrik Schön)研究半导体物理纳米技术,声称发明了分子晶体管,2000—2002年在《自然》《科学》等杂志发表众多论文,甚至在2001年平均8天一篇,获得了各种奖励。2002年,他被揭发出大规模学术论文造假,《自然》《科学》等杂志撤销他28篇论文,博士学位也被收回。

后话

  以上看到了科学家的两类错误：一类是研究过程里的失误，包括被否定的假说，或者不成功的实验；另一类是学术造假，蓄意欺骗。前一类可以说是科学研究过程中难以避免的失败，对科学家个人来说应当尽量避免，但是不应当被责备。特别是人类极少了解的研究对象，无论地球内部，还是天体起源之类，起初只能猜想，而且知识越少，假说越多。关键在于对待错误的态度。赫胥黎对深海黏液的处理就是个绝佳的例子，正因为第一时间主动承认错误，他赢得了更高的声誉。"君子之过也，如日月之食焉。过也，人皆见之；更也，人皆仰之。"子贡的古训，用在这里十分贴切。

  然而后面一类却完全不同，那就是欺世盗名的罪恶行为。当然里面也有差别，就像偷盗，既有屡犯的惯偷，也有偶尔失足的，应当区别对待。"卿本佳人，奈何做贼"，对于那种一念之差而犯了错误的，还是应该治病救人。格外可恨的是那种以科学作敲门砖，拿论文当化妆品的无耻之徒，学术界混不下去换个行当再混，科学界本来就不该让这类人入门。

值得深思的问题是促成科学作假的客观因素,是不是教育和政策上的失误,也在催生这些学术的败类。撰写本章的重点在于介绍国外的教训,让我们引以为戒,其实我们国内学术腐败也到了惊心动魄的程度,而更加需要注意的是整个学术界风气的败坏。随着科技投入的高速增长和科技队伍的急剧扩大,金钱的作用在学术界不适当地高涨,各类专家评审系统中非科学因素暴增,带来了科技界的"环境污染"。如果说社会上的环境治理的关键在于防堵污染源,科学界的"污染源"很大程度上正是我们科学界同仁自身。

对于科学界的精神建设,多年来我们没有少加注意,各种道德委员会、自律条例应有尽有。尽管对论文抄袭、成果作假的现象不能容忍,但学术风气的败坏却被认为是"人之常情",大家视而不见,说起来也只是摇头叹气而已。毕竟道德建设是科学界内部的事情,如果在学术界有影响力的科学家们,能够站出来发声,而不是选择默认,更不是随波逐流,黄金时期的中国科学界,也有望建成精神环境的模范村。

扫一扫,看视频

第二章
科学家的争论

科学不是靠加法发展起来的,科学发展主要靠"范式转移",或者我们现在说的"源头创新"。**知识的日积月累固然有用,但是量变代替不了质变,一部科学史就是一次次学术突破的积累。这种突破需要否定前人的认识——通常还是主流观点,于是就不可避免地引发争论。新学说开头一定处于弱势,需要通过学术斗争,使"多数服从少数"才能赢。**如果只是单纯的学术争论那还好,一旦"多数"的后面还有背景,那么非科学因素的作用,就可能超越科学争论的力量,阻挡科学的前进。回顾现代科学最初的诞生,发生的就是科学家和教会的抗争。

地球与太阳

地球和太阳,是人类认识世界的第一课。有两个最根本的问题:大地是圆的还是方的?太阳绕地球转还是地球绕太阳转?

各种古文明的开始,都以为大地是平的,平的才能有人住。最早想到地球是球形的,大概还是古希腊人。公元前6世纪毕达哥拉斯(Pythagoras)认为,既然月亮和太阳都是球体,大地也必然是个球体。公元前4世纪的亚里士多德(Aristotle)注意到月食时月面出现的地影是圆形的,也同意这种见解。然而拿出测量数据来证明地球是圆的,要等到公元前3世纪。当时的埃及是希腊化时期,首都亚历山大有着世界上最大的图书馆,那里也是古希腊文化的中心。亚历山大图书馆馆长埃拉托色尼(Eratosthenēs,约公元前276—前194)是古希腊的地理学家,正是他第一个通过测量验证了地球表面是圆弧形的。

尼罗河上的塞恩城(也就是现在的阿斯旺)几乎就在北回归线上。埃拉托色尼发现,夏至那天(6月21日)太阳在塞恩正当头顶,阳光可以直射井底;而在其正北800千米外的亚历山大,太阳光却有点斜,和铅垂线之间夹了7.2°的角(图2.1),相当于圆周(360°)的1/50。埃拉托色尼认识到:只能因为地球表面弯曲,才会产生这种差异。于是他派人用徒步测量的办法,得出从塞恩到亚历山大的距离大约是800千米。经过这段距离,地球表面弯曲了7.2°/360°,那么整个地球的周长应当是其50倍,即39 600千米。今天我们知道地球圆周长约40 000千米,因此不能不敬佩2300年前埃拉托色尼的水平。

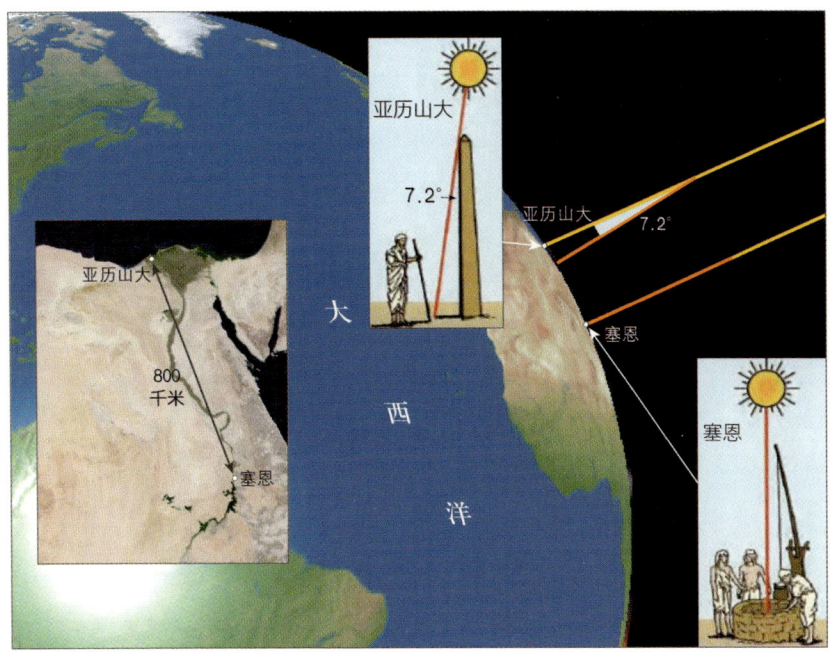

图2.1 古希腊地理学家埃拉托色尼利用太阳直射角度的差异,证明地球是圆球并推算出地球的周长

可以有各种办法证明大地是圆的,但是决定性的证据来自麦哲伦(Ferdinand Magellan)的航行,由人类驾船开辟航道来证明大地的球形,不过那是1800年之后的后话。在东方,自古流行的是"天圆地方",纵然有"浑天说"和"盖天说"的争论,但确实查不到古人有"地圆"的主张。大地是球形的概念,应当是明末清初由西方传教士引进的。17世纪初,意大利人利玛窦(Matteo Ricci)将全球地图《坤舆万国全图》进献给万历皇帝,徐光启在《新法算书》中声明"地与海并浑得圆形",这时候"地球"的概念才被一部分先进知识分子所接受。但是直到1662年康熙执政的初期,高官杨光先还在撰文反对"地球"说,理由十分经典:"球上国土人之脚心,与球下国土人之脚心相对",岂不成了"倒立之人"。

至于"日心说"和"地心说"之争,也是从古希腊开始,两种观点早在公元前4—前3世纪,相当于我们的战国时代就已经提出。"地心说"不稀罕,从直观出发,世界各种古文明最初都主张地心说。公元前4世纪柏拉图(Plato)的地心说最为著名；按中国的浑天说，地球也在中央。稀罕的是"日心说"，第一个提出这种思想的是古希腊早期天文学家阿里斯塔克（Aristarchus，约公元前310—约前230），他最早推测太阳和月球对地球的距离相差大约19倍，太阳的直径是地球的6—7倍。尽管这些推测离实际数据相差很远，但已经足以使他提出了最早版本的"日心说"：恒星和太阳静止不动，地球和行星在以太阳为中心的不同圆形轨道上绕太阳转动，地球还每天绕轴自转一周。他的学说当然不可能被接受，反被指斥为亵渎神灵。

因为在当时，"地心说"属于信仰范畴。在柏拉图的学说里，永恒的、神圣的天体，必然是沿着最完美的圆形轨道绕地球做匀速运动。但是这样的"地心说"不过是个哲学模型，提出完整地心说的是公元2世纪的托勒玫（Claudius Ptolemy，约公元90—168）。托勒玫是说希腊话、写希腊文的学者，但是他并不在希腊，而是在埃及的亚历山大，所以说他是希腊、埃及甚至罗马学者的人都有。这位托勒玫是古代伟大的天文学家和地理学家，不但提出了完整的地心说，第一幅有经纬度的世界地图也是他的杰作。他和柏拉图一样，认为地球是中心，然而他确实总结了希腊古天文学的成就。至于教会利用托勒玫体系来打压日心说，那是1000多年以后的事情。

历史上的"日心说"和"地心说"之争，发生在16—17世纪。在1543年出版的《天体运行论》里，波兰的哥白尼（Nicolaus Copernicus，1473—1543）正式提出了"日心说"；1609年，意大利的伽利略（Galileo Galilei，1564—1642）首次用天文望远镜直接观察太阳系，揭示了太阳系的真相，直接冲击了《圣经》的迷信。这时候，教会迫害科学的凶相毕露。16世纪的哥白尼幸亏走得早，他主张"日心说"的《天体运行论》迟迟不敢付印，直到他弥留之际才摸到了此书的样本。17世纪的伽利略就没有这样的运气，1632年他用对话形式发表了观点之后，当年秋天宗教裁判所就传讯了伽利略，要他到罗马受审，次年他被判处终身监禁，直到1992年，梵蒂冈教皇约翰·保罗二世（Ioannes Paulus II）才为这位蒙冤360年的科学家正式平反。

回顾这场争论,实质在于视野。假如天上只有太阳和月亮,从地面看每天的"日月经天",日月确实像是在围绕地球转。问题是天上还有别的星,肉眼能看到的还有金、木、水、火、土这五颗行星,古人把它们和日、月一并看作"七曜",唐朝时就用来纪日,传到日本、韩国后,至今还在使用,而我国从民国以来就改成了"星期"。无论地心说还是日心说,都需要回答这七曜的运行关系。然而从地面看这五颗行星,观察的结果相当复杂,有时候会逆行或者静止不动,用"地心说"的运行模式(图2.2A)解释非常复杂,"日心说"才能正确清晰地回答七曜的运行关系(图2.2B)。

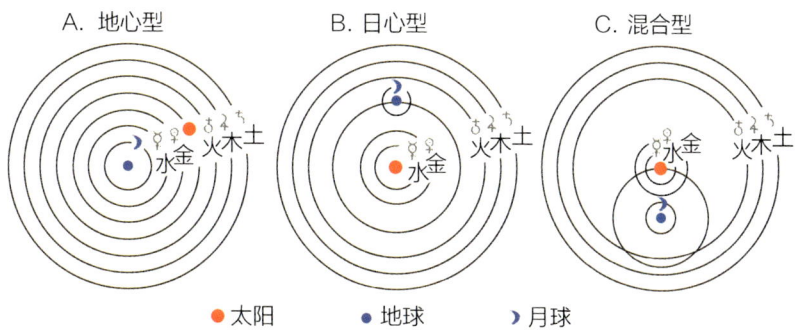

图2.2 日-地关系的三种模型。A.地心型;B.日心型;C.两者之间的混合型

大凡争论有了规模,在对立的双方之间就会出现中间派,"日心说"和"地心说"中间也有过折中方案。当时丹麦有位天文学家第谷·布拉赫(Tycho Brahe,1546—1601),他既不接受"日心说",又想要解释行星的运行,于是在1580年左右提出了介于"地心说"和"日心说"之间的折中方案——混合模型:太阳绕地球转,行星绕太阳转(图2.2C),看起来有所进步,可是要害在于地球还是不能动。第谷的模型在当时影响不小,但是在科学史上就难以留下位置,这大概是各种"折中派"的共同归宿。

地球年龄之争

与"日心说"不同,关于地球年龄的争论要晚得多,发生在19世纪进化论出现之后。按照宗教的神创论,地球的年龄只能是上帝创造世界的日子,可是《圣经·创世记》并没有给出具体年份。1650年代,爱尔兰大主教乌雪(James Ussher,1581—1656)经过"考证",撰文提出上帝创世是在公元前4004年10月23日星期天;亚当、夏娃被赶出伊甸园的时间,是公元前4004年11月1日星期二(图2.3左)。其实,乌雪并不是做这类"考证"的第一人,希伯来文专家、剑桥大学校长莱特富特(John Lightfoot,1602—1675)早在1644年就发表过上帝创世的日期,而且更加精准:"算"出是在早晨9点钟。当然,说地球只有6000年历史,和发展中的地质科学必然发生矛盾,比如18世纪法国科学家布丰(Georges Buffon,1707—1788)就提出,地球年龄至少要有75 000年才行。但是这类异议出入还不算太大,乌雪大主教说的年龄作为《圣经》的解读,直到19世纪以前并未动摇。

真正的争论是在19世纪:如果相信进化论,无论地球还是生物的演化都不可能是几千年的事,那又该有多久呢?受"进化论""均变论"思想影响的地球科学界认为,地球总得有十亿年上下的历史。达尔文在《物种起源》里估计说,英国南部的地质过程要有三亿年左右才能完成。但是这种估计和物理学发生矛盾:根据康德–拉普拉斯的星云说,太阳系起源于高温、旋转的气体星云,地球是其冷却的产物。既然地球在形成之后只会越来越冷,最初的热量几千万年就该耗损完毕,因此地球的历史维持不了那么久。于是引发了一场地质学与物理学之间的争论。

引领物理学一方、从物理原理出发出来反对的不是别人,而是物理学泰斗开尔文勋爵[Lord Kelvin,即威廉·汤姆孙(William Thomson,1824—1907)]。此人的经历不同寻常:22岁当教授,42岁封爵士,66岁当英国皇家学会会长,我们用的绝对温度单位开尔文(K)就是纪念他的。根据冷却速率的计算,开尔文

1862年提出地球年龄是9800万年,1897年又修改为2400万年(图2.3中)。当时的物理学无法理解,会有"燃料"几千万年都烧不完的星球。现在知道地球的年龄有40多亿年,这么说,是不是物理学输给了地质学? 不能那么说,因为当时还没有产生核物理学。

转折发生在世纪之交。1896年,即发现X射线之后的第二年,发现了铀的放射性,接着居里夫妇在1898年发现了新的放射性元素钋和镭,从而开拓了一门新的学科——放射化学。因为放射性元素的原子核衰变速率不同,有的要经过几十亿年方才衰变掉一半,因此放射性同位素就为测定遥远的地质年龄提供了依据。1904年英国的卢瑟福(Ernest Rutherford,1871—1937)从铀矿物测得了5亿年的放射性年龄(图2.3右),从而证明地球历史十分久远,同时还说明元素衰变能够使地球内部加温,彻底否定了地球产生后会逐渐冷却的传统观念。

17世纪　神学　　　　19世纪　物理学　　　　20世纪　地球化学

乌雪大主教　　　　　　开尔文　　　　　　　　卢瑟福
4×10^3年　　　$2.4\times10^7/9.8\times10^7$年　　　$>5\times10^8$年

图2.3　地球年龄争论的三部曲

17世纪的神学、19世纪的物理学和20世纪的地球化学,构成了地球年龄之争的三部曲。那么地球的年龄究竟是多少? 这要看"地球形成"的定义怎么下。地球上最老的岩石测得年龄是40亿年,但是矿物里的锆石年龄有43.7亿年,而最老的月岩有44亿年。总之,根据放射性元素的推断,地球的年龄应当有45亿—46亿年。

大洪水还是大冰期？

在瑞士阿尔卑斯山的湖光山色中，经常会见到有大块的砾石孤零零地伫立在草丛里。现在我们知道，这是多少万年前的大冰期，阿尔卑斯山的巨大冰川从高处带下来的冰川砾石。但是在200年前这却是个谜：有什么力量能把这么大的砾石从远处搬下来？

19世纪早期，几位瑞士的学者为此琢磨了好多年。我们这里只举德·夏彭蒂耶(Jean de Charpentier, 1786—1855)一位为例。他从事矿业，住在日内瓦湖边上的贝城(Bex)，他家附近就盛产这种来历不明的巨石。在离他家几百米处一块体积有4500立方米的巨石上，后人刻上了他的名字以纪念他的学术贡献(图2.4C)。奇怪的是这些巨石并不是附近产的，他追踪过一块巨石，发现其源头在山谷的上游，相距30多千米(图2.4B)。那它们是怎么搬过来的呢？

按照当时传统的说法，只能是大洪水。人类太坏，上帝决定发大洪水把世界毁掉了重来，这是上帝创世之后最大的灾变，包括地层里发现的化石，也只能是大洪水的牺牲品。所以大家相信，阿尔卑斯山奇怪的砾石，就是当年大洪水搬来的。但是对于瑞士的几位科学家(包括德·夏彭蒂耶在内)来说，这种解释无法接受。什么样的大洪水，能够把几层楼高的大石头搬几十里路呢？他和同伴们都想到了冰川：不用大洪水，现在阿尔卑斯的山谷冰川就在搬运不同大小的冰川砾石。是不是曾经有过极大的冰川覆盖阿尔卑斯山，才会留下这些惊人的巨砾？

德·夏彭蒂耶找了当时瑞士自然科学协会年轻的主席阿加西(Louis Agassiz, 1807—1873)，告诉他自己的设想，邀请他到贝城自己家附近来共同考察这些巨砾，顺便也观察一下阿尔卑斯山谷正在搬运中的冰川漂砾。阿加西是研究鱼类的古生物学家，对冰川没有兴趣，更不会相信德·夏彭蒂耶的奇谈怪论。但是作为朋友，阿加西还是接受了邀请，以便到现场去给他指点迷津。1836年，阿加西应邀考察了贝城的巨砾和冰川(图2.4A)，但是出乎他自己的预料，参观之

图2.4 阿尔卑斯山谷冰川漂砾。A.瑞士冰川素描图(阿加西1840年绘);B.冰川巨砾(德·夏彭蒂耶1840年绘);C.凿文纪念德·夏彭蒂耶的冰川巨砾

后他坚定地转向德·夏彭蒂耶一边,相信历史上出现过大冰期。阿加西可是位叱咤风云的人物,不会像德·夏彭蒂耶那样围着巨砾磨蹭许多年。1837年7月,瑞士自然科学协会年会上,阿加西就以主席身份做了大冰期的学术报告,第二天就带着知名学者们去现场考察。于是,"大冰期"的假说正式问世!

但是,这项新假说和《圣经》的"大洪水"直接撞车。年会的听众多数并不赞成,他们本来以为阿加西会讲他研究巴西鱼化石的成果,结果却来了个"大冰期"。当年的地质界,即便是主张进化论的莱伊尔,在他的名著《地质学原理》中,也是把漂砾说成是大洪水搬运来的,只不过添加了"冰山",说漂砾是冻结在冰山里被大洪水带来的。关于"大冰期"之争的答案还要等待更多证据的出现,那是在19/20世纪之交,德国的彭克父子(Albrecht Penck & Walther Penck)进一步找到了阿尔卑斯多次大冰期的证据,争论方才告一段落。然而大洪水的命题吸引力太强,其影响远远超出了学术圈。到了20/21世纪之交,另一场大洪水的争论又在学术界发酵,那就是黑海的大洪水。

大洪水故事的焦点在于诺亚方舟。按照《圣经》的说法,150天后洪水退去,方舟停在阿勒山(Mt. Ararat),那是土耳其的最高峰,海拔5000多米,位于土耳其、伊朗与亚美尼亚三国的边境,千百年来不知有多少人去过那里寻找方舟遗迹。"二战"以后在主峰西边又发现有像今天航空母舰大小的异物轮廓,所以直到近年还在吸引人们去组队考察。尽管直至今日还不乏信徒炒作,但是要说诺亚方舟停在了四五千米的高山顶上,这种故事想在科学界产生影响,成功概率太小。可能有吸引力的不是方舟本身,倒是大洪水的遗迹。世界各民族都有史前大洪水的传说,据说版本不下200种,很可能反映了八九千年前季风最盛期的气候特征。地质学家专门进行过一项研究,美国哥伦比亚大学的瑞安(William Ryan)教授,二十来年前曾和同事们对黑海进行考察,提出了诺亚大洪水故事的科学版本,认为那是7000多年前发生在黑海的一场自然灾变。

黑海是个封闭型的深海盆,最深处约2200米,却全靠一个百米来深、几千米宽的浅水通道和地中海相连,这个通道就是土耳其的达达尼尔海峡。瑞安和同事们研究了黑海北部的陆架区,提出末次冰期时黑海水面比现在低80米(图2.5A、B)。冰期结束后世界海面回升,地中海和黑海的水面差距越来越大,最后冲破了达达尼尔海峡决口,地中海海水灌入黑海,造成海面突然上涨50—60米的大洪水,淹没土地70 000平方千米,面积相当于我国宁夏回族自治区。瑞安他们认为这次大洪水就是《圣经》"诺亚方舟"故事的原型。可以设想:原先黑海边上的平原本来植物茂盛,相当于原始人的"伊甸园",是大洪水的灾难使得他们向西迁徙,为南欧带去了早期农耕文明,同时也为后来的宗教传说提供了蓝本。瑞安他们还发表了科普作品《诺亚大洪水》(图2.5C),一度成了畅销书。

可惜瑞安的研究并没有解决问题。首先是宗教界不高兴,《圣经》上说"大洪水"是对全人类的惩罚,现在瑞安等人说是黑海的地方故事,岂不是对《圣经》的歪曲。再说学术界也有争议,比如黑海的西北角是罗马尼亚,那里的学者在仔细分析多瑙河口外40多米长的岩芯之后,认为冰期时黑海水面比现在只低

30米而不是80米,冰期结束后"大洪水"造成海面上涨也只能有5—10米而不是50—60米,淹没的面积也只有2000平方千米左右,还不如北京密云区的面积大,叫"大洪水"有点牵强。科学家煞费苦心,想为宗教和科学双方找到两全其美的答案,可惜事与愿违,结果弄得两头都不讨好。

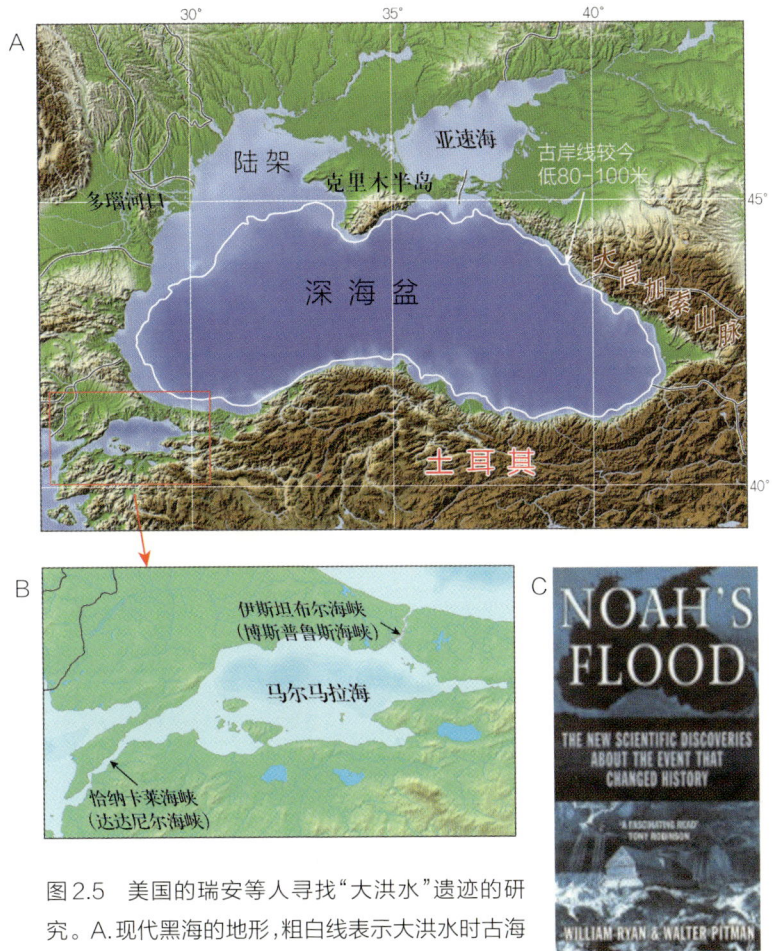

图2.5 美国的瑞安等人寻找"大洪水"遗迹的研究。A.现代黑海的地形,粗白线表示大洪水时古海岸线的推测位置;B.黑海连接地中海的狭窄通道;C.瑞安等1998年所著科普读本《诺亚大洪水》

地球变"雪球"

现代科学已经调查清楚：两万年前地球经历过大冰期，世界大陆的1/3被压在冰盖底下，世界大洋的海平面下降120米，而且这一类冰期旋回在地质历史上曾经多次发生。但是，说整个地球都会被冰雪包裹、地球变成雪球，这有可能吗？

还真有。关于"雪球地球"的争论在20年前爆发，到如今已经成为主流观点，尽管争论还在继续。"雪球地球"说的是六七亿年前，发生过两次特大的冰期，每次延续千万年以上，地球从两极到赤道都有冰覆盖。前面讲到两万年前的大冰期，世界大陆有1/3被冰层覆盖，其中北美的冰盖就有3000米厚，而"雪球地球"时期，全球的大陆都被压在冰盖之下。至于海洋，世界大洋在两极周围现在都有季节性的海冰，海冰分散了就成为冰山漂浮在海面上。现在北极海冰向南能到70°N，南极海冰最北能到55°S，但是"雪球地球"时期全大洋都有海冰，直到赤道都有。大陆冰盖加上大洋的海冰，把整个地球都包在冰下（图2.6A）。

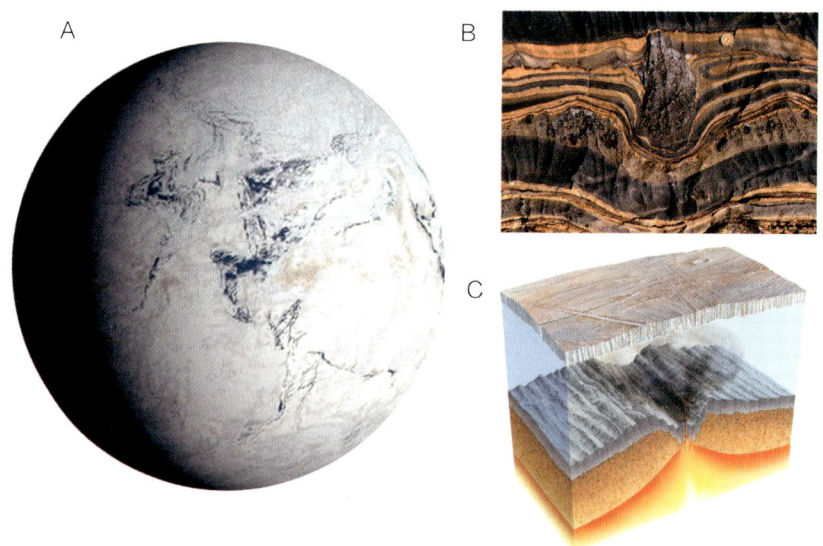

图2.6 "雪球地球"假说。A."雪球地球"；B."雪球地球"的野外证据：冰筏的砾石掉落在海底沉积中（摄自纳米比亚露头）；C."雪球地球"的热量来源：海底的岩浆火山活动

"雪球地球"的证据何在？地质历史的证据就是古代的沉积物,陆地上发现了冰碛物,前面讲的漂砾就是一种。到了海洋里,冰山融化了就会把携带的石块沉到海底,形成冰筏沉积。提"雪球地球"假说,就是因为在当时的赤道地区的海洋沉积里找到了冰筏沉积,说明冰山已经漂到了赤道。图2.6B的照片,是一块从冰筏上融化掉下来的砾石,掉进了当时海底的碳酸盐软泥里,碳酸盐是在低纬地区沉积的,说明"雪球地球"时期的海冰覆盖了所有纬度的大洋。

一旦地球表面全是冰盖,地球系统还怎么运作？没有了液态的海面,也就没有了水汽蒸发,地面上的水如何循环？没有了波浪和海流,大洋岂不成了一潭死水？科学家们根据地质考察和数值模拟的研究结果,对"雪球地球"假说提出了各种修订。比如说,地球内部的岩浆火山活动并不会停止(图2.6C),海底的热液活动就能驱动海水流动,推测最后"雪球地球"的结束,就是靠地球内能和温室气体的析出。至于生命,六七亿年前的陆地上还没有生物,但是大洋已经有藻类产生,那么生物总得有个地方"避难"。

于是,"雪球地球"假说产生了两种版本:除了全部冰封的"硬雪球",还有一种"软雪球"的假说,推想大洋并未被冰山完全覆盖,等于说"雪球"有缝(图2.6A上的蓝色)。也有人推想,赤道地区的洋面上只有近于融化状态的薄冰,生物还可以在这里继续生存,因此应该叫作"雪泥地球"(Slush Earth)而不是"雪球地球"(Snowball Earth),这也正是当前争论的重点之一。按照现在的主流观点,在距今7.17亿—6.60亿年和6.50亿—6.35亿年间,曾经出现过两回"雪球地球"的大冰期。等到"雪球"灾难结束之后,地球否极泰来,终于迎来了5.4亿年前的"寒武纪生命大爆发"。

至于"雪球地球"假说的提出者,现在都说是哈佛大学的霍夫曼(Paul Hoffman)教授,是他1998年在发表于《科学》杂志的论文《新元古代的雪球地球》中提出了这个假说,这篇文章至少被引用了2300次。然而这篇划时代论文的审稿过程并不顺利,三位评审人有两位反对,唯一同意发表的那位也持保留态度:"即便是错的"也建议发表。起决定作用的是杂志主编,他几次打电话询问细节,然后就拍板刊登。要说"雪球地球"思想的最初产生,其实还轮不到霍夫曼。1989年为"雪球地球"取名字的,是美国地质学家基什文(Joseph L. Kirschvink),他把几十年来学术界的相关议论汇总起来,聚焦成为"雪球说"而吸引了科学界的眼球。但是基什文没有留下什么正规的文章,只是在1992年一本1347页厚的文集里,发表了一篇总共只有7段的短文。他更没有像霍夫曼那样,长期在非洲西南的纳米比亚不断探索,专门钻研当时热带地区的碳酸盐地层,终于获得了决定性的证据。可见科学新思想的桂冠,不一定落在最先产生这一思想的脑袋上。

时至今日,"雪球地球"在学术界已经家喻户晓,但终究还是个争论中的假说,因为和我们熟知的地球系统相差太大。唯一能够提供某种参考的,是现今太阳系里的"雪球"星体。目前研究得最好的,是木星的第二号卫星——木卫二,亦称欧罗巴(Europa)(图2.7A)。木卫二略小于月球,它的表面为冰层所覆盖,而其内部结构有点像类地行星:中心是个金属核,核外是岩石圈,然后是个水圈。水圈的表面是个冰层,估计厚度在10千米以上,最为神秘的是冰层下面液态水的海洋(图2.7B、C)。木星是太阳系里最大的行星,质量超过地球300多倍,对于周围的卫星产生极大的潮汐作用,而潮汐波产生的巨量动能,足以使冰下海洋的温度保持在冰点之上。推测木卫二的海水深达上百千米,水量相当于两个地球上的大洋,因而很可能是太阳系里最大的海洋。

木卫二如此巨大的海洋里,很可能有生命存在。木卫二的火山活动,以及海水和海底岩石圈之间的相互作用,使它成了探索的首选。近20年来,已经酝酿了各种各样的木卫二探索计划,试图解开冰下海洋的生命之谜。但是探索木卫二又谈何容易:不单是距离远——地球距离木星将近8亿千米,而且木卫二表面的冰层十分离奇。冰盖表面由固态转变为气态的过程里,由于不同地点升华作用的速率不同,在某些地方会形成小坑,阳光在这些坑中反射,导致深处的进一步升华,最终形成了尖峰冰刃,这类"刀山"今天在智利的干旱平原上就可以看到(图2.7D)。因此当探索木卫二的宇宙飞船降落的时候,有可能会发现

"地面"是一片冰质的"刀山"！由此推论，7亿年前"雪球地球"上也该有过这类"刀山"出现，联想到当时海底还有火山活动，谁要创作名为《雪球地球历险记》的科幻小说，应当含有上刀山、下火海的惊险场面。

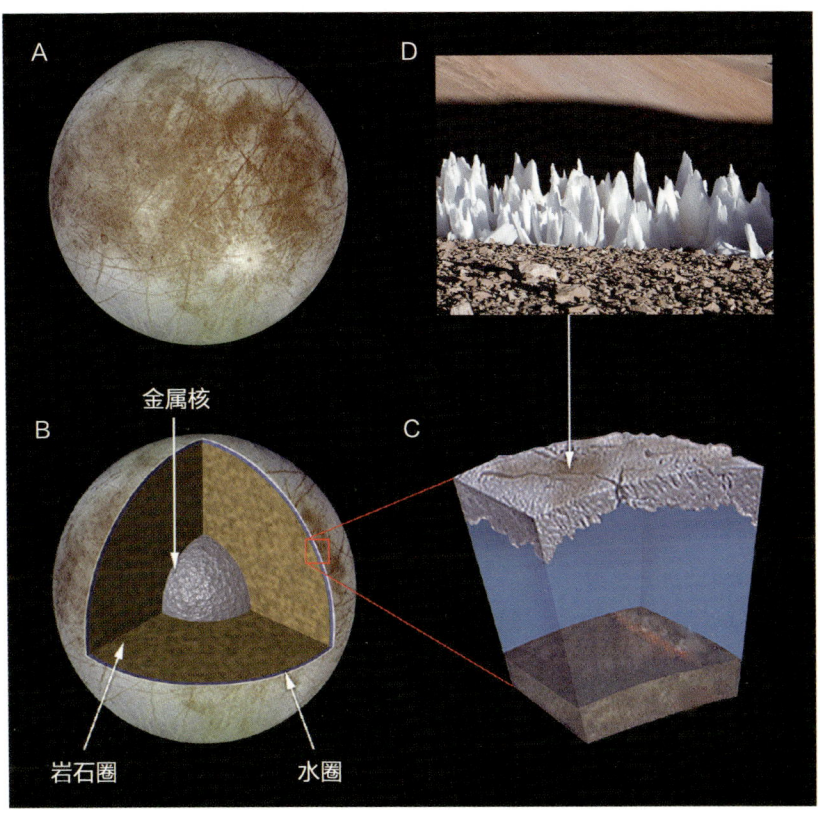

图2.7　太阳系里的冰包星球——木卫二。A.木卫二是冰层包裹的卫星；B.木卫二的内部结构；C.冰下的海洋；D.智利干旱平原上的冰质"刀山"，推测在木卫二的冰面上也会出现

从"核冬天"到"全球变暖"

古话说"六十年风水轮流转"，如果这句话指的是气候，可能还真的有点道理。20世纪从60年代到80年代是个冷期，全世界气候偏冷（图2.8），北冰洋的

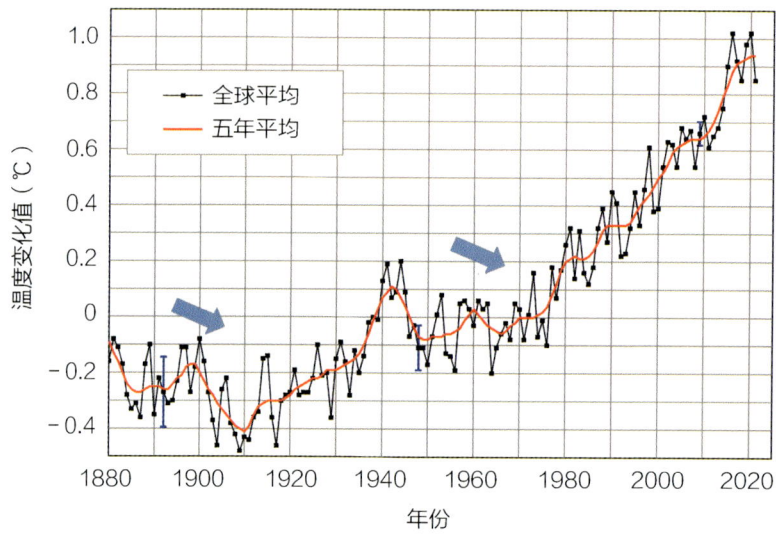

图2.8　140年来全球平均温度变化。箭头表示全球降温时期

冰盖面积也最大,从1960年到现在的极端寒冷事件,80%都发生在这段时间里。今天的茶余饭后,人们谈论的是全球变暖;那时候可不同,谈论的都是全球变冷。除了天气冷之外,还有两个原因:一是"冷战"时期担心核战争会引来"核冬天";二是地球每十万年发生一次冰期,按照计算,一次新的冰期即将降临。

先说"核冬天"。上了年岁的读者都还记得,在1991年苏联解体前,美苏之间可能发生的核战争是人类面临的最大威胁。核爆炸不仅会在当地造成大量的伤亡和破坏,爆炸产生的大量烟尘进入大气层,还会在全球造成异常寒冷的天气,这就是"核冬天"。当核武器在空中爆炸后,火球一触及地面,就会将地面上的岩石、土块汽化,它们将随着蘑菇云被带上天空,同时抽吸周围的空气,进一步将尘埃卷入烟云之中。腾升高空的浓重烟雾数月不散,将遮住阳光,使得白天暗若黄昏。这和火山爆发产生的效果相似,数以万吨计的火山灰升入高空,悬浮于空气之中经久不散,曾经使许多地方出现异常的"冬天"(图2.9)。

1983年,5位美国专家在《科学》杂志上发表研究报告,正式提出了"核冬天效应"的理论。他们用数学模型论证:假定美苏两国使用核武库40%的核武器(50亿吨当量)在北半球进行核战争,可以将9.6亿吨微尘和2.25亿吨黑烟掀入

图2.9 核爆炸和火山爆发产生的烟尘。左:1945年8月9日日本长崎原子弹爆炸产生的蘑菇云;右:2015年4月22日智利卡尔布科(Calbuco)火山爆发,火山灰喷发高达2千米

空中,黑色微粒还将被推向30千米高空,破坏臭氧层,使整个地球变成暗无天日的灰色世界,丧失宜居性。近年来的研究又进一步表明:即使是小型核战争也可能带来类似的全球性灾难。例如在南亚次大陆的城市工业区投放100枚核弹(不到全球总数的1%),就会产生足够的烟尘,导致全球农业瘫痪。

当时的另一种担心是新冰期即将降临。回顾20世纪的气候变化,在1970年代之前,已经经历了30年的缓慢降温(图2.8)。而1970年代古气候学的重大进展,就是取得了冰期旋回的确证,科学家们认识到受地球运行轨道变化的推动,气候变化有着10万年的冰期旋回。冰期之后有一段变暖的时期,称为间冰期。间冰期一般延续一万年,而这次的间冰期已经过了一万年。因此按照冰期旋回学说,新的冰期可能正在降临。当时大家本来面对的就是"核冬天"的威胁,冰期降临的信息更是雪上加霜。1972年,在美国布朗大学举办了国际学术讨论会,题目就是"当前的间冰期:如何以及何时结束?"会后两位主席给尼克松总统写信,说"目前变冷的趋势如果继续下去,冰期时的温度有可能会在百年内降临",建议总统赶紧设法应对。各大媒体和学报也纷纷响应,"如何应对冰期来临"在20世纪中晚期警钟长鸣。

和现在相比,当时关于气候变化的知识十分有限,但已经提出了人类活动影响气候的认识:矿物燃料放出CO_2会使气候变暖,放出黑炭等气溶胶颗粒会使气候变冷。也有人推测：气溶胶屏蔽辐射量，可能就是当时全球变冷的原因。然而和现在最大的不同，在于对温室气体的态度：直到20世纪80年代，人们尚不认为温室效应会对人类社会构成威胁，相反，以为这是保护温暖环境、提高农业产量的好事情。著名的美国化学家布朗(Harrison Brown)在1954年出版的《人类未来的挑战》专著中写道："如果大气CO_2增加到3倍，全球食品生产就会翻番。"因此他主张"以全球规模大量生产CO_2，并泵入大气"。为此"至少要烧掉5000亿吨煤，超过人类历史上烧掉的6倍。煤不够了，可以烧石灰来增加CO_2"。1956年，苏联学者建议在白令海峡建坝，将太平洋水泵入北冰洋，去融化北冰洋的海冰。

60年过去了，这些旧话听起来简直难以置信。现在学术界和媒体说的全都是"全球变暖"，决没有人还会唠叨"下次冰期来临"的威胁。与此相反，2002年《科学》杂志发表权威文章，说是天文计算的结果，本次间冰期比过去哪一次都长，不是一万年而是长达五万年，所以下次冰期该是四万年以后的事。学术界的这种基调变化，也会引起一些旁观者的不满。2001年，英美两国地质学会在爱丁堡联合举办"地球系统过程"国际大会，请英国皇家名誉教授布尔顿(Geoffrey Boulton)致开幕词。这位老先生说话很不客气："你们30年前喊'冰期降临'，如今又说'全球变暖'，这让人们如何建立对科学家的信任？"

其实，气候为何变暖、新冰期何时来临，这类问题至今仍然争论不休。一种关于新冰期的振聋发聩之说，来自美国教授拉迪曼(William Ruddiman)。依他的主张，地球气候自然周期的新冰期，在几千年前早已降临，只是因为人类活动排放温室气体，才使得间冰期能够延续至今(图2.10)。核心问题在于人类活动对地球表层产生影响从何时开始。他认为人类开始破坏森林、排放温室气体，不是现在而是在几千年前，在史前就已经开始。农耕开始的时候人少，但产生的影响不小，不能用今天的人均耕地面积去衡量几千年前土地利用的环境效应，否则结果当然就会低估早期人类活动的影响。

拉迪曼假说的根据来自极地的冰芯。冰芯里的气泡保留着结冰时候的古

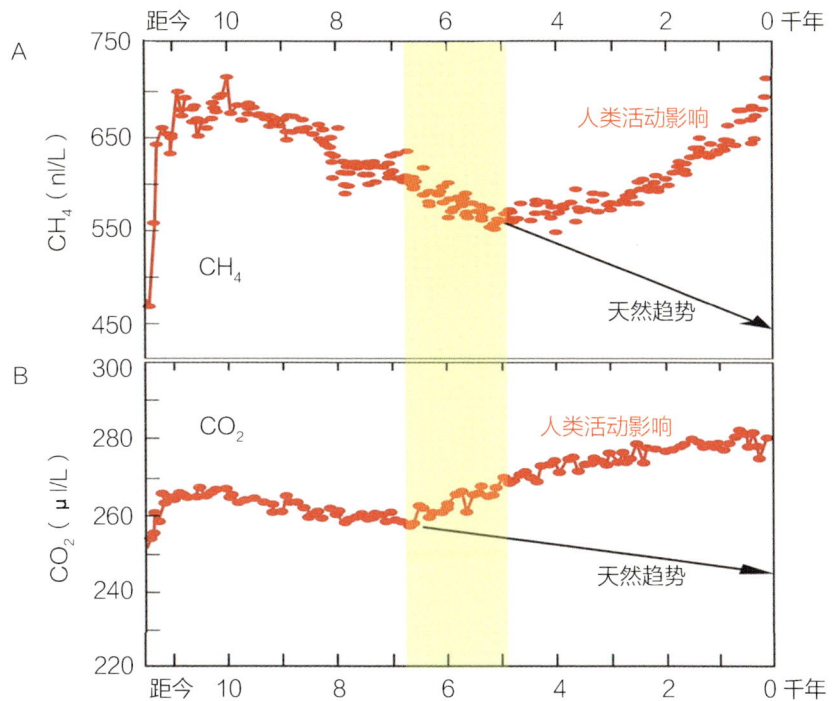

图2.10 拉迪曼的新冰期假说：若非人类活动，5000年前，甚至8000年前，地球就已经进入新冰期了。A.近万年来大气CH_4浓度的变化；B.近万年来大气CO_2浓度的变化。黄色表示人类活动开始影响大气成分的时间

大气，可以说是大气的"化石"。从大气成分的变化看，进入新石器时代之后，随着农作物的种植和家畜的饲养，焚林和农作释放温室气体，造成大气CO_2和CH_4的浓度上升，两者分别在7000年前和5000年前就已经偏离了自然变化的趋势而开始上升（图2.10A、B）。拉迪曼认为，按照地球轨道驱动的气候周期，5000年前，甚至8000年前，地球就应该进入冰期了，之所以现在还停留在间冰期，正是人为排放温室气体的结果。人类活动早已影响大气，而且随着社会发展而逐渐增强，绝不是从工业化时期方才开始，只是到现在才引起我们注意。人类活动影响的不仅是大气。我们现在呼吁"保护生物多样性"，其实史前人类早就造成了生物灭绝事件，这在热带岛屿最为明显。太平洋岛屿上考古遗迹的骨骼表明，当地演化产生的许多鸟类在人类上岛以后即行灭绝，尤其是热带树林里不

能飞的鸟类。澳大利亚的巨鸟——一种重量超过100千克的走禽,在5万年前已经灭绝,看来就是史前人类到达澳大利亚后带来的恶果。

回顾60年来学术界主流观点的反复变化,令人唏嘘不已。科学家也是人,也有七情六欲,在科学判断中,也会出现赶时髦、随大溜的现象。可贵的是科学家的远见卓识,可以超越"主流",提出事后才会得到证明的不同认识。这在我们眼前就不乏先例,60年前在一片"全球变冷"声中,就有过不同的声音。当时在格陵兰冰盖钻探的冰芯里,发现有几十年的天然气候周期。于是美国的布鲁克(Wally Broecker)教授就一反当时的主流声音,1975年在《科学》上发文问道:"我们是不是在明显变暖的边缘?"他推测,20世纪40年代以来的变冷行将结束,不久就会出现几十年的增暖。果不其然,就在1975年之后出现了快速增温,80年代成为至当时为止测量记录中温度最高的10年(图2.8)。科学研究之所以有价值,就在于能够预见;而科学争论之所以有意义,就在于有人不跟风、不盲从。

地中海干枯

海盐来自海水,是在海边晒出来的。但是水深5000米、面积250万平方千米的地中海,在深海底也会晒出盐来,这可能吗?1970年,大洋钻探船在地中海海面之下4000米,打出了600万年前的岩盐和石膏层,难道这也是晒出来的?难道这样深的海也会干涸?大洋钻探的发现,引起了一场关于"地中海盐度危机"的争论,一直延续到今天。

地中海是个非常特殊的海盆。这里是所谓"地中海气候":夏季干热、冬季温湿,和我们的季风区的干湿趋势相反。因为地处副热带高压带,蒸发量大于降水量,所以表层海水盐度高达38‰,超过开放大洋。但是这巨大的海盆和大洋之间只有一条狭窄的通道:375米深的直布罗陀海峡,大西洋水从表层流入、地中海的高盐水从下面流出,保持相互平衡(图2.11)。假如把地中海和大西洋的联系切断,地中海的盐分就会增高,最终可以蒸发干涸、沉淀成盐。

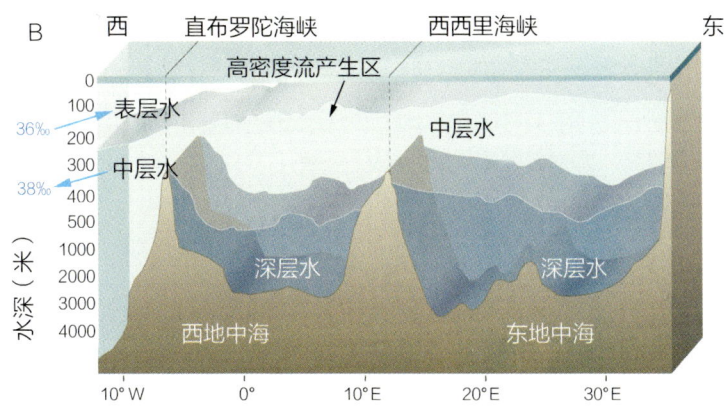

图2.11 现代地中海与大西洋在直布罗陀海峡的海水交换。A.平面图,箭头线表示冬季表层流向;B.剖面图,大箭头表示与大洋交换海水的流向

这就是当时大洋钻探打出岩盐、石膏后,在船上提出的一种解释。航次的两位首席科学家,一位就是前面讲大洪水时提到的瑞安,一位就是著名华人地质学家许靖华。他们大胆提出了"地中海干涸"的假设,认为当时地中海海盆曾经变为荒漠,低于海平面数千米,在收缩干涸的水池里沉淀出了石膏和岩盐(图2.12A)。这项假设在船上就引起剧烈的争论,结果只有包括两名首席在内的三位科学家赞成,多数人一致反对。当时的资料不多,证据并不充分。许靖华在航次报告里引用福尔摩斯的话说:"古训说得好,把不可能的排除掉之后,剩下来的就必须是真相,不管它如何不可思议。"

几千米的深海,要干涸成盐,确实难以想象。所以船上另一些科学家相信

"浅水成因"方案:他们认为,可能600万年前的地中海本来水就不深,容易蒸干,这些石膏、岩盐是在浅处产生,后来才掉到深处的。为了进一步检验这些假说,1972年大洋钻探船再度驶进地中海,航次仍然由许靖华加上另一位首席科学家主持,结果发现蒸发岩就是在深海环境下沉淀的,地中海当时就是深海,从而进一步支持了许靖华等深海干涸的假说(图2.12A)。

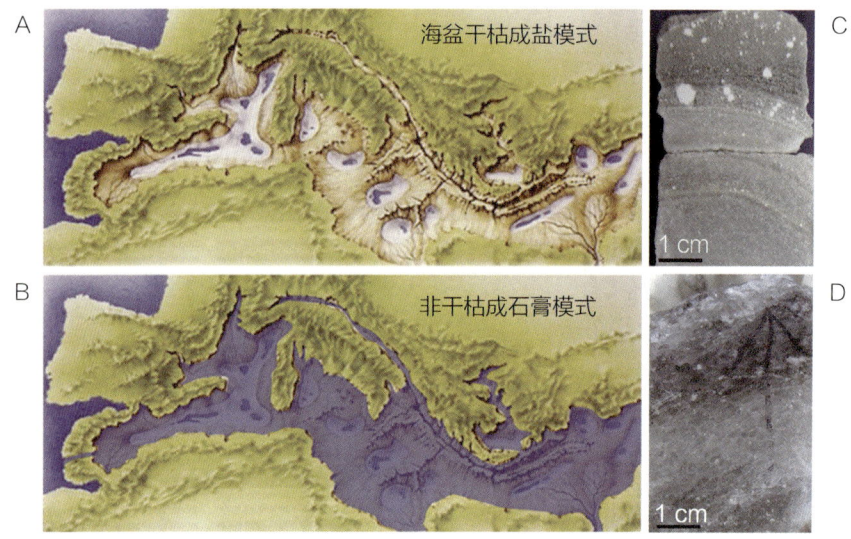

图2.12　600万年前地中海盐度危机的两种模式。A.深海盆干枯成盐模式;B.深海盆非干枯成石膏模式;C、D.大洋钻探取得的岩盐岩芯

不过争论远没有结束。1972年地中海第二个航次时,船上科学家的意见也没有统一。有关盐度危机的总结报告最后由10位科学家共同署名,另外2位并不赞成。当然,比起第一个航次只有3位赞成的情况,已经有了重大进展,但是引起争论确实是有原因的。航次之后,1973年在荷兰举行了"地中海墨西拿事件"研讨会,不少与会者还是接受不了这种假设,说"这么大的地中海居然能够干枯,留下低于海平面几千米的大窟窿,听起来真的是很荒谬的想法"。而定量计算的结果更难让人接受:现在的地中海水,如果全部晒干变成盐场大约得要1万年,但是晒出来的盐只有几十米厚。而600万年前的那场"盐度危机"里,有相当于世界大洋5%—6%的盐,都沉淀在地中海里,因此至少要有8—10次这样

的事件才能产生这么多盐,也就是说地中海的海面要有8—10次几千米的上下升降,而地质记录里找不到海平面会像电梯那样上上下下的证据。

好在科学的脚步不会停止,新的发现又带来了新的希望。新世纪的观测发现,地中海受气候影响,冬季陆架上的海水会在风场驱动下盐分浓缩,形成高密度流瀑布(图2.11),沿陆坡降落,冲刷坡上的峡谷,挟带着被掀起的沉积物进入深海盆底,造成深水的卤水层。地中海高密度流的发现,为"盐度危机"的发生提供了新的机制:用不着海平面升降,只需要气候变化造成的高密度流瀑布,就可以在深海底形成卤水层,沉淀石膏。因此,地中海干涸假说的修正版包含两种机制:在"盐度危机"的大部分时期里,通过海盆内部的"高密度流瀑布"形成石膏(图2.12B),只是在后期出口完全封闭时,方才发生一次性的海平面骤降,形成岩盐,出现"深海荒漠"的景象(图2.12A)。

就这样,"古海荒漠"的假设几经周折,终于得到了新的发展。尽管如此,"地中海盐度危机"之谜的研究还远没有结束,还有更深的科学之谜隐藏在岩盐层底下。地中海下面的岩盐层太深,至今还没有一个钻井能够穿透。因此,钻穿盐层是共同的愿望:石油界指望在膏盐层底下能够发现巨大的新油田,学术界指望着能揭穿"盐度危机"发生之前地中海的真相。让我们一道来祝愿:希望地中海盐层钻穿之日,就是盐度危机谜底最终揭晓之时!

遗传学争论的悲剧

我们把话题转到生命科学上来。以基因为基础的遗传学,是当代生命科学的热点,然而遗传学发展的道路却很不平坦,其中最为惨烈的经历出现在苏联,因为科学分歧变成了政治斗争。"生物的演变靠什么?"本来是个纯科学问题。有两种观点:一种认为是靠对环境的适应,最早是拉马克(Jean-Baptist Lamarck,1744—1829)提出的"用进废退"和"获得性遗传",强调外因;另一种观点认为有内因,基因就是生物内部的遗传物质,持这种观点的就是当初的孟德尔-摩尔根学派,现在的遗传学。苏联发生的事,是把两种学说之争演变为政治斗争,在几十年的时间里,扼杀了遗传学,害死了杰出的遗传学家。

先从法国的拉马克说起。这是位最先回答生物如何演变的大科学家,他最早提出进化论,比达尔文还早半个世纪。在1809年出版的《动物哲学》里,他提出用进废退和获得性遗传的观点,也就是所谓拉马克学说。达尔文1859年发表进化论时,也部分同意这种观点。这观点不难理解:长颈鹿祖先的脖子并不长,想要吃高处的树叶就拼命伸长,代代相传就拉长为长颈鹿了。但是有人做实验发现这个学说并不灵验:耗子的尾巴一生出来就切掉,切了100代之后,耗子还是长尾巴。

另一条路线是探索生物内部的遗传物质,有两位关键人物。一位是奥地利的神父孟德尔(Gregor Mendel,1822—1884),他拿豌豆做杂交实验,1865年发现生物体内有能够管控性状遗传的因子,后来被称作基因。另一位是谈家桢先生的老师、美国教授摩尔根(Thomas Morgan,1866—1945),他拿果蝇做繁殖实验,1910年发现了染色体在遗传中的作用。摩尔根1926年发表《基因论》,总结了孟德尔以来遗传学的进展,建立了以基因突变为基础的遗传学,被称为孟德尔-摩尔根学派(图2.13)。

到了20世纪上半叶,上述两种观点都在发展。孟德尔-摩尔根学派认为生物体中有着决定遗传的特殊物质,生物演变靠基因突变;但是拉马克学说也有很大的影响,认为生物演化是外界环境作用下发生的渐变。苏联的米丘林(Иван В. Мичурин,1855—1935)是位非常成功的老园艺学家,60多年里培育出300多个果树新品种,培育的办法就是改变外界条件,所以他否认有遗传物质、主张获得性能够遗传(图2.13)。这样,在苏联就出现了两派的斗争:孟德尔-摩尔根学派和"自己的"米丘林学派,1950年代我国的生物学也是这样教的。

学术界发生争论本身不是问题,问题是出了个李森科(Трофим Д. Лысенко,1898—1976),把学术争论政治化。李森科是位乌克兰农艺师,他发

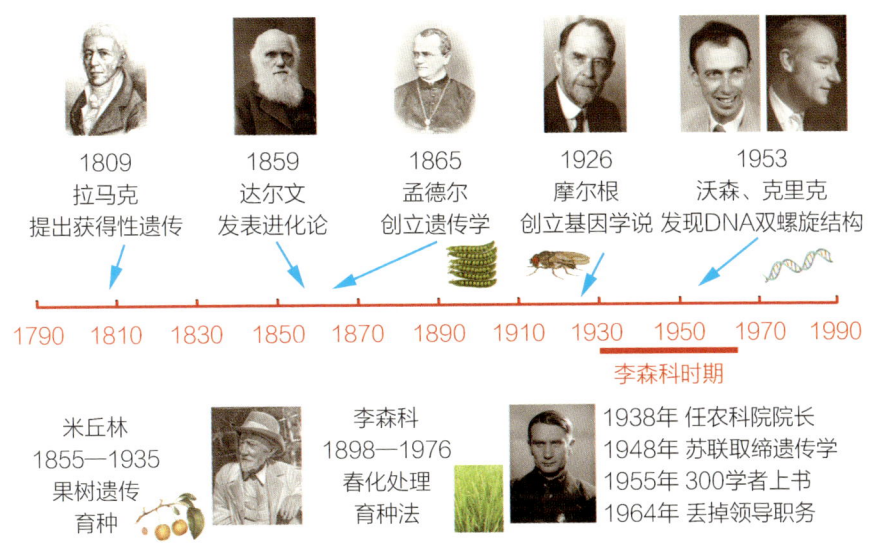

图2.13 国际遗传学的发展和苏联的李森科主义

现在雪里过冬的冬小麦种子,在春天播种会获得好收成,这就是他的"春化作用"。他宣称"春化处理"能够诱导植物获得可遗传的性状,特别是抗低温的能力。李森科又进一步上升到理论,主张推行苏联"自己的"、据说是符合马列主义唯物辩证法的"米丘林学派",用来反对"资产阶级"的孟德尔-摩尔根学派。在1930年代苏联的大环境下,李森科很快得到了支持,于是学术争论变成了阶级斗争,支持孟德尔-摩尔根学派的科学家就成了阶级敌人(图2.14)。

图2.14 李森科在学术大会上做报告

苏联的学术界就这样开启了李森科垄断时期(图2.13)。李森科1938年成为列宁农业科学院院长,1940年担任苏联科学院遗传研究所所长,而大批科学家遭受迫害。全苏农业科学院奠基人、遗传学家瓦维洛夫(Николай И. Вавилов)因为坚持科学真理,1940年被捕,1941年被判处极刑,后改为20年有期徒刑,1943年病死狱中。1948年,李森科主导举行全苏农业科学院会议,取缔正统的遗传学,大学禁止讲授摩尔根遗传学。

乘着政治旋风的李森科扶摇直上,据说列宁勋章就得了9次。但是风云变幻难预期。1955年,300名苏联学者联名上书,要求免去李森科的全苏农业科学院院长职务。这项请求被接受了,但是很快李森科又找到了新靠山。直到1964年,李森科才丢掉了苏联科学院遗传研究所所长的职务,李森科主义终于失去了影响力,遗传学得以重整旗鼓。瓦维洛夫于1955年平反,1970年人们为他建造了塑像和纪念碑。

李森科对苏联科学界的影响是全方位的,尤其在生物学领域。年长的读者可能还记得1950年代的苏联老生物学家勒柏辛斯卡娅(Ольга Б. Лепешинская,1871—1963)女士。她参加过1905年的俄国革命和1917年的十月革命,既是老革命又是科学家。她于1945年出书提出"新细胞学说",说是拿鸡蛋、水螅做实验,发现非细胞的生命物质形成了细胞。发现细胞如何起源是个重大突破,可惜她的实验没有人能够重复,因此被认为是实验污染的结果。1948年,13位苏联科学家联名著文批评她的学说,但她得到李森科的支持,还是获得了斯大林奖金,哲学杂志上有许多文章称赞她,说她的学说"丰富了辩证唯物主义科学原理"。这位老科学家的著作面很广,从生命起源到延年益寿都讲,她那本名为《无畏》的励志作品,曾经在1950年代的中国青年中广为流传(图2.15)。

苏联的遗传学,甚至整个生命科学的发展,都受到了李森科主义的严重摧残。

图2.15 勒柏辛斯卡娅著作的中译本

历史的教训值得注意,学术争论可以依靠政治干扰而得势于一时,但是当事人最终很可能毁誉于一世。政治判断,绝不可能取代科学论证。就遗传学而言,1953年DNA双螺旋结构的发现,开辟了生命科学的新时期(图2.13),现代遗传学一日千里。但是,遗传学的学术争论并没有完全结束,反对现代遗传学的"新拉马克主义"还在发声。俄罗斯近年来还出现了对李森科主义"再思考"的呼声,有人试图把李森科置于政治的背景下,将李森科描绘成一名真正的爱国者和超越时代的伟大科学家。抚今追昔,鉴往知来,对于政治干扰科学这类动向应当给予格外的注意。

地球是个有机体?

1972年,英国化学家洛夫洛克(James Lovelock,1919—2022)提出了一个大胆的假说:地球是一个具有自我调节能力的巨大有机体。因为希腊神话里的地神叫作盖娅(Gaia),洛夫洛克就把自己的假说称为"盖娅假说"(图2.16)。美国的女微生物学家马古利斯(Lynn Margulis,1938—2011)立即对这项假说表示支持,并且从生物学角度加以发展。一开始学术界的反应并不大,转折点出现在

图2.16　洛夫洛克和他的"盖娅假说"

1979年，洛夫洛克发表了专著《盖娅假说：地球生命的新观点》，这一来学术界炸开了锅：赞成者大声叫好，说这是开辟了科学的新视角；反对者捶胸顿足，认为把地球说成了有机体，不是邪教就是伪科学。

而洛夫洛克却越走越远。他接连发表著作，进一步用科普语言把他的学说称为"地球生理学"（geophysiology），甚至"行星医学"（science of planetary medicine），认为地球犹如一个有机体，出了问题能够自愈。那么，这真的是科学吗？洛夫洛克和马古利斯，前一位是英国皇家学会会员，后一位是美国科学院院士，都是严肃的大学者和本领域的大权威，他们提出"盖娅假说"，不会没有根据吧？

"盖娅假说"的产生，还和火星的探索有关。1960年代美国准备探测火星，目标之一是探索火星上有没有生命。关于如何检验生命众说纷纭，甚至有人主张把捕狼的设备带上火星。而洛夫洛克力排众议，提出通过测量火星的大气成分来检验有无生物存在。他认为，尽管地外生物的成分、结构都无从猜测，但凡是有新陈代谢的生命活动，必定会改变大气圈的成分（图2.17），为此提议另辟蹊径，用测量大气成分的办法来检验火星是否存在生命。

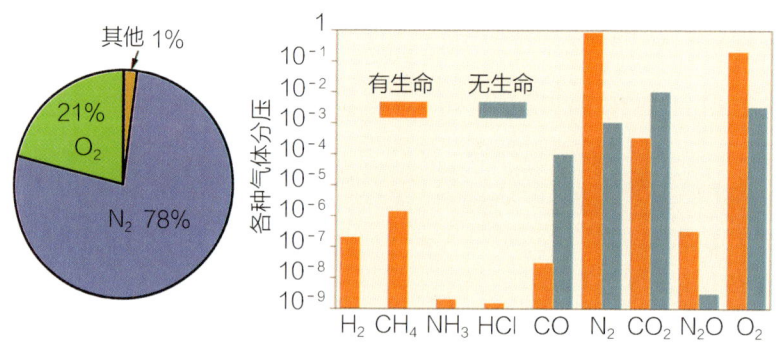

图2.17 星球大气圈的成分和生物圈。左：现代地球的富氧大气来自生命活动；右：利用星球的大气成分检测生命活动

生命活动和大气成分的关系，开启了地球演变理论的新思路。洛夫洛克认为：当今地球大气中氧超过1/5（图2.17左），其来源只能是生命活动。地球上生命起源几十亿年来，无机环境曾经多次遭受巨大变迁，太阳辐射量在增加、地球

表面历经多种地质演变,但都没有毁掉生命存在的基础。再说大气温度或者海水酸碱度的变化,也都有一定范围,始终保持相对稳定、适于生物圈的存在。可见地球上的生命体和非生命体,形成了一个相互作用的系统,有利于生命体的存在。这就是"盖娅假说"的由来。

至于马古利斯,她是一位共生理论的专家,她最大的贡献是建立了内共生理论,发现真核细胞是从无核细菌共生演化而来,也就是说,细胞里的线粒体、叶绿体原来都是独立的原核生物,通过共生成了真核细胞里的小器官。在她看来,地球就是基于共生作用的极大有机体。她的学生把"盖娅假说"比喻为"从太空看到的共生现象",把整个地球上的生物圈全看成一个共生体。

为了说明自己的主张,洛夫洛克做过一个最简单的计算机模型,说明生物圈能够调节地球的温度。他用"雏菊世界"(Daisyworld)代表最简单的假想星球,没有大气,没有地形,更没有动物,只有灰色土壤和一种植物——雏菊。而且这小小的菊花还分白色和黑色两种:白色的反照率高、很少吸收阳光;黑色的反照率低、大量吸收阳光。他的计算机模拟从太阳光度的增强入手,在没有雏菊的星球上,温度随着光度上升(图2.18的橙线),而在雏菊世界里温度就会被

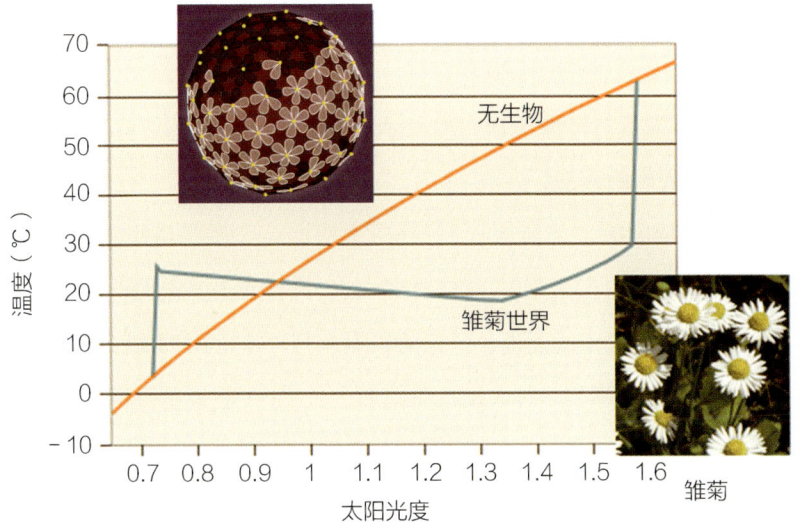

图2.18 雏菊世界的数值模拟。上方插图表示地球表面,分别被黑、白雏菊所覆盖;右下方示雏菊的花

雏菊调控(图2.18的蓝线)。具体讲,太阳光度增强到一定程度时,就适宜于黑色雏菊生存,黑色雏菊吸收阳光、增强了星球的升温,于是环境就变得适于白色雏菊生长,逐步排挤黑色雏菊,因为白色雏菊的反照力强,会使得温度下降。这时候,黑、白两色的雏菊达到平衡,通过两者间的消长保持着星球温度的大致平衡,也就是说太阳光度的增长会被白色雏菊覆盖面积的扩张所抵消。如果太阳亮度再继续上升,超过了雏菊生存的温度极限,雏菊世界便告崩溃(图2.18)。

"雏菊世界"模型是一种比喻,用来表明生物圈本身的变化就可以调节无机世界,使得环境适于生命的存在和演化,不需要什么神秘力量。而"盖娅假说"的实质,正在于生物圈和地圈的相互作用,因此各个学科对"盖娅假说"的态度也略有区别。1980年代以后人类生存环境的研究突出起来,地圈和生物圈的相互关系正是地球科学的探索对象,所以"盖娅假说"和地球系统科学的思路接近,而受到的批评更多来自生物学界。

从1988年到2006年,在美国和西班牙举行过四届"盖娅大会",讨论和发展"盖娅假说"。果然不出预料,在会上"盖娅假说"也激起了众多的批评,尤其是生物学家的批评。《自私的基因》作者、牛津大学教授道金斯(Richard Dawkins)批评说,植物绝不是为了拯救地球才去吸收CO_2的,生物这样做要么是其他活动的副产品,要么是因为自己需要。另一位皇家学会会员、微生物学家盖特(J. Gate)讽刺说:"盖娅——地球伟大的母亲!""上帝并不存在,存在的是盖娅,洛夫洛克就是代表她的先知!"

心平气和地分析,"盖娅假说"包含两个层面。一层是讲生物对气候的调控和生物圈与地圈的相互作用,这是已经证实、没有必要争论的认识,这也正是"盖娅假说"对科学进步的促进。争论的焦点在另一个层面,那就是认为地球是个有机体,能够自我调节。有人说这只能算个比喻,不能说是个机制;也有人质疑,在生物圈内部如何能够相互沟通,来共同调控环境。其实类似"盖娅假说"的思想,有着深刻的历史根源,古希腊的柏拉图就认为大地是有生命的。20世纪早期,苏俄科学家、地球化学的创始人维尔纳茨基(Владимир И.

Вернадский,1863—1945)提出了"生物圈"和"生物地球化学"的概念,首次将生命活动看作地球化学过程,从化学角度将生物和地球科学连接了起来。

显然,"盖娅假说"的争论必将继续,因为这是地球科学和生命科学共同面对的重大问题。将来从历史的角度回顾,这场争论很可能是地球科学走向系统科学道路上的重大一步。

后话

宗教和科学一项最大的区别,在于对争论的态度。宗教的教义不容置疑,宗教的信条不容争论,而科学的历史就是在不断的争论中前进。世界上的几大宗教,基本教义两千年保持不变;而现代科学产生才几百年就脱缰腾飞,改变了整个人类社会,也改变了自身,其发展的机制就是不断的科技革命。科学鼓励怀疑、欢迎挑战,于是科学的历史就成了争论的历史。

一些十分有趣的争论,往往发生在意外的发现之后。无论是在深远地质时期的赤道海洋发现了冰碛石,还是在地中海底下几千米的深处钻到了岩盐,这类发现挑战着我们的常识,也往往是科学突破的前兆,但是谜底的揭晓有时候可以跨越世纪。在谜底揭晓之前探索的长夜,对于科学家来说就是考验期,看你有没有足够的睿智和勇气,站到真理的一边。

但由于科学是文化的一部分,又因为科学有重大的社会和经济价值,科学争论常常会越出学术范畴,成为宗教或者政治斗争的一部分。前者如"地心说"与"日心说"之争,后者如当前对"全球变暖"和"碳外交"上的争论,都有意识形态或者利害关系的考虑,都可能使科学争论偏离学术轨道,甚至造成人身威胁。在这种超学术性的争论中,科学家采取的态度极其重要。

每逢重大的争论,科学家都会有"站队"的问题,从中也会折射出科学家的人格和水平,为坚持"日心说"献身的布鲁诺(Giordano Bruno)就是一例。如果说中世纪的教会离我们太远,那么苏联李森科的教训就在昨天。科学界里,有的人坚持真理,有的人明哲保身,有的人见风使舵,也有人助纣为虐。现代科学引进中国,早期靠教士,后期靠留学生,都和意识形态脱不了干系,科学的争论也动辄卷入政治斗争。认真总结、反思,吸取百年来科学家们用血汗换来的经验教训,是当代人无可推诿的责任。

扫一扫,看视频

第三章
科学家的性格

说了许多科学家的"错误"和"争论",现在该回到正面来讲讲科学家的研究。首先,科学史上的重大突破,是怎样来的?在大科学家的传记或者传闻里,你可以找到各色各样的答案。阿基米德在浴缸里,牛顿在苹果树下,门捷列夫甚至在睡梦中做出了重大发现。真的是这样吗?再有,科学家的成功有什么秘诀?为什么有人成功、有人失败?最后,大科学家也是人,他们有什么样的个性?他们怎样合作?怎样处理成果的纠纷?现在,让我们试着从一些大科学家身上,看看科学家的性格有什么特别。

阿基米德跳出浴缸

和运动员或者艺术家不同,科学家的成就不是在聚光灯下取得的。科学创造,通常是实验室角落里不为人知的过程。不过也有例外,突然的发现也会像爆炸那样发光,最出名的例子就是2000多年前阿基米德(Archimedes,约公元前287—前212)的故事。

阿基米德是位古希腊的学者,住在今天意大利西西里岛东岸名叫叙拉古(Syracuse)的古城。有一回,叙拉古的国王让工匠做了一顶纯金的王冠,但是在做好后,他又疑心工匠私吞了黄金,王冠的金子不纯。但这顶金冠确实和当初交给金匠的纯金一样重,现在想要测金子纯不纯而又不能破坏王冠,还真是个难题。国王和他的臣下商量,有一位臣子建议请阿基米德来检验王冠,虽然当时阿基米德还不过是个22岁的青年,但他的才学早已闻名。

面对这种难题,阿基米德也感到束手无策。然而当科学家一旦上了心,这个问题就像影子一样离不开身。有一天,阿基米德去洗澡,当他踩进浴盆里时,看到水在往外溢,就感起兴趣来:他身子坐进浴盆越深,溢出来的水也越多。原来心事重重的阿基米德,突然看到了光明:岂不可以用测定固体在水中排水量的办法,来确定金冠的体积吗?他兴奋地跳出浴盆,连衣服都顾不得穿上就跑了出去,大声喊着"尤里卡!尤里卡!"(图3.1)"尤里卡"是个古希腊词($\varepsilon \ddot{u} \rho \eta \kappa \alpha$,英文eureka),意思是"找到了"。

阿基米德发现的,就是物理学里的浮力原理:物体在液体中所获得的浮力,等于它所排出液体的质量,而与物体的形状无关。经过了进一步的实验以后,他就来到了王宫,把王冠和同等质量的纯金分别放在两个盛满水的盆里,结果发现放王冠的盆里溢出来的水,比另一盆多。这就说明王冠的体积比相同质量纯金的体积大,由于金子的密度比银子之类金属的密度都大,可见王冠里掺进了别的金属。

这个故事几乎家喻户晓,"尤里卡"这个词也用来表示突然出现的洞察力或者说顿悟。科学界在讨论"尤里卡效应""尤里卡时刻",西欧33个国家在1985年还有过"尤里卡计划",目标是发展科技,推进"自我觉醒",以增强全球竞争力来应对挑战。

图3.1 阿基米德在浴盆里发现浮力原理

然而"尤里卡"来自阿基米德,绝非偶然。阿基米德是公元前3世纪的人,"尤里卡"的故事是他许多科学发明的标志。他不仅发现了浮力原理或者叫阿基米德原理,发现了杠杆原理(进而发明了举重滑轮、灌地机、扬水机、军事上用的抛石机,等等),而且对数学,尤其几何学有巨大的贡献,和牛顿、高斯(Johann Gauss)一起被列为世界三大数学家。他最著名的可能是那句豪言壮语:"给我一个支点,我就能撬起整个地球!"为了向国王证明这句话,他设计了一套滑轮杠杆装置,把一艘因为太大太重而拖不动的新船,用绳子从岸上牵到了海里。

这是一位终生沉醉在几何学里的学者。公元前212年(相当于秦始皇执政35年的时候),罗马军队攻陷叙拉古,这位75岁的老人居然全然不顾危险,依然对着沙盘上的几何图形出神思索。一名罗马士兵冲了进来,阿基米德怒斥道

"不许碰坏我的圆",于是立即死在士兵的剑下(图3.2)。尽管事后罗马将军处决了那名士兵,隆重安葬了阿基米德,但是这位旷世奇才已经再也回不来了。

科学发现没有固定的模式。"尤里卡效应"是科学家在冥思苦想中,灵光一现的豁然开朗。但是,科学上有没有不期而遇的意外发现呢?化学元素周期表的发现可能属于这种类型。

图3.2　著名油画《阿基米德之死》

门捷列夫梦见元素周期表

学术界流传着一个故事:门捷列夫(Дмитрий И. Менделеев,1834—1907)的元素周期表,是他在做梦时想出来的。那多棒啊,我们不是也经常做梦吗……可那是真的吗?

传说的故事发生在1869年,也就是清同治八年,35岁的俄国化学家门捷列夫,一直在思索着化学元素的相互关系。当时已经发现了63种元素,看起来元素的性质随着原子量的增加,有种周期性的变化。但元素之间是种什么样的关系呢?

门捷列夫喜欢玩扑克,他把每个元素做成一张扑克牌,排在桌上、钉在墙上,一边摆弄一边琢磨元素间的关系。3月1日那一天,对科学问题魂牵梦绕的门捷列夫在办公室里疲倦地睡着了。突然睡梦里出现了一张表,他的这些元素按照原子量分组排列,同一行的各组元素性质相似。这不就是"众里寻他千百度,蓦然回首,那人却在灯火阑珊处"的场面吗?只是门捷列夫比辛弃疾走得更远,和"那人"相见居然是在梦里。

蓦然醒来的门捷列夫,立即把梦境中的这张表凭记忆写在一张纸上,然后再斟酌思考,制成最初的化学元素周期表(图3.3)。那是张用文字描述的表,还不是我们今天用的方块形元素周期表,然而发现的核心已经在那里:元素的性质随着原子量的增加,呈现周期性的变化。记录这项重要发现的论文当月在俄国的学会上宣读,摘要在德国发表,然后在1871年正式载入了门捷列夫的著作《化学原理》中。

元素周期表的发现非同小可,因为它指出了化学元素的规律性,成为化学科学的奠基石。科学发现的可贵之处在于预见性:门捷列夫不仅大胆提出了元素表里空缺的元素,而且还预言了元素的性质。尽管当时他

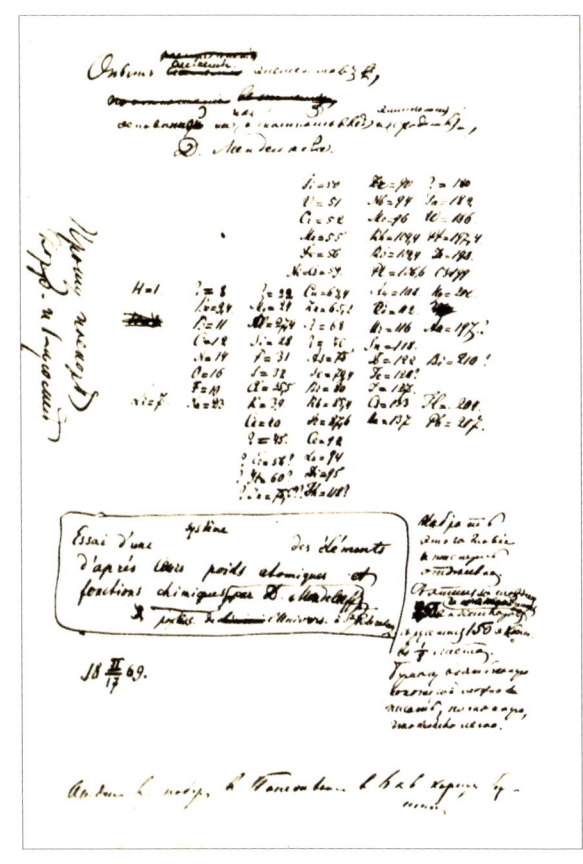

图3.3 门捷列夫最初的元素周期表草稿

的预测并不被看好,但是随着时间的推移,每个新元素的发现都在提高周期表的身价。比如元素表里排在锰(Mn)底下的同族元素锝(Tc)和铼(Re),要等到50年以后方才发现。

这么说来,门捷列夫元素周期表是梦里做来的吗?当然不是。当时,化学元素的原子量陆续测出,原子量和元素性质的关系成了研究的热点。德国人发现了"三元素组":"氯、溴、碘""钙、锶、钡"等,都是三个元素性质相似;英国人发现了"八音律",元素按原子量排列,第八个元素和第一个相似;法国人提出了"螺旋图"……但都似是而非,谁也说不清道理。

门捷列夫是其中走得最远的一个,日有所思,夜有所梦,他梦见的周期表,就是他梦寐以求的表达形式。其实这场梦还有各种版本,甚至有人怀疑是不是真有其事,因为不少人研究过门捷列夫的历史,却从未在任何档案或者日记里找到过有关这场梦的记录。当然,做梦只有当事人自己知道,就像胡适所说:"醉过才知酒浓,爱过才知情重;你不能做我的诗,正如我不能做你的梦。"梦,是没有见证人的。有一点是清楚的:门捷列夫得到过科学之外的启发,那就是扑克牌。纸牌按花色排成横列,按点数排成纵列,元素周期表把横列叫周期,纵列叫族,道理是一样的。

图3.4 1969年苏联为元素周期表发现100周年发行的纪念邮票

无论这场梦的考证结果如何,都毫不影响这位科学巨人的历史荣誉。苏联在1969年隆重纪念元素周期表发现100周年(图3.4);2019年被联合国定为"国际化学元素周期表年"(IYPT 2019),以纪念门捷列夫发现的150周年。

门捷列夫是一位有广泛兴趣的科学家,除化学外,在物理学、气象学、文学、绘画上多有涉猎,还参加过破冰船的设计和大气圈的探索。1887年8月2日莫斯科北边能看到日全食,门捷列夫乘坐气球吊篮,上升到3500米高空巡行250

千米,观察太阳,访问大气层。

门捷列夫生前得到许多国际荣誉,但是独缺诺贝尔奖。诺贝尔奖1901年就已经开始颁发,英国的拉姆塞(William Ramsay)发现了惰性气体氦等元素,并在门捷列夫周期表里确定了它们的位置,因而获得了1904年诺贝尔化学奖。但为什么会漏掉了门捷列夫?其实,1905年、1906年门捷列夫都差点选上,特别是1906年那次,原先门捷列夫占压倒优势,但最后以一票之差落选。本来到1907年怎么说都应该轮到他,可是诺贝尔奖只给活人,偏偏门捷列夫没等到,2月初就走了。投票评奖,有很大的偶然性。也许你感到欠公平,但是你说:这里受到损失的究竟是门捷列夫,还是诺贝尔奖呢?

牛顿树和牛顿墓

历史上科学家享受的荣誉,没有人能超过牛顿。2014年中文版《影响人类历史进程的100名人排行榜》里,牛顿排位第二,仅次于穆罕默德,耶稣基督才排到第三。2003年英国广播公司全球性评选"最伟大的英国人",结果牛顿的票数高居榜首。1727年,牛顿以84岁高龄过世,葬于伦敦威斯敏斯特教堂(图3.5),是人类历史上第一位获得国葬荣誉的自然科学家。诗人蒲柏(Alexander Pope)为牛顿写下了一段著名的墓志铭:"Nature and Nature's laws lay hid in night. God said, 'Let Newton be!' and all was light."(自然与自然的定律,都隐藏在黑暗之中。上帝说:"让牛顿来吧!"于是,一切都变为光明。)

这句画龙点睛的评价,点出了牛顿作为现代科学创始人的身份,很可惜没有刻在教堂的墓碑上。可以说,现代科学在多大程度上改变了人类世界,牛顿的评价就有多高。1726年,伏尔泰(Voltaire)曾说过:牛顿是最伟大的人,因为"他用真理的力量统治我们的头脑,而不是用武力奴役我们"。确实,牛顿的三大定律奠定了此后三个世纪里物理世界的科学观点,揭示了地面物体与天体运

图3.5　伦敦威斯敏斯特教堂的牛顿墓

动共同遵循的自然定律;在光学上他创制了反射望远镜,展现出白光是由七色光组成;在数学上他的一系列开创性贡献尤为突出,包括和莱布尼茨(Gottfried Leibniz, 1646—1716)分别创立了微积分。科学历史上很难举出第二个人,曾经有过牛顿这样的科学贡献。

几百年来,全世界都在探索这位旷世奇才的成才之路。牛顿是个农民家庭的遗腹子,改嫁了的母亲希望他当一名农民,所以说牛顿的成功完全不是靠出身。牛顿18岁进剑桥大学时靠打工支付学费,然而出类拔萃的成绩使他三年后就获得了奖学金;1669年,因为数学上的突出成就,26岁的牛顿就当上了讲座教授——卢卡斯数学教授;1687年44岁时,发表他的三大定律;60岁当选皇家学会会长,任职23年,直到去世。回顾牛顿一生的科学创造,最具戏剧性的莫过于万有引力的发现。据说当年牛顿因为苹果从树上坠落而产生万有引力的灵感。于是牛顿故乡伍尔索普(Woolsthorpe)庄园的苹果树声名大噪,被视为科学探索精神的象征(图3.6)。好在苹果树是可以剪枝嫁接的,包括我国许多大学

图3.6　牛顿家乡伍尔索普庄园的苹果树,即举世闻名的"牛顿树"

在内的世界各大学府纷纷到英国引栽"牛顿苹果树",希望借此引进科学精神。

关于苹果树的说法五花八门,虽然"苹果砸在牛顿头上"的版本属于夸大,但是苹果落地,确实触发了他对地球引力的灵感。英国学者斯蒂克利(William Stukeley)在1752年出版的回忆录里写道:"我们走进花园,在苹果树荫下喝茶,就我们两人谈话。他对我说:当年正是在这种状态下,产生了重力的念头。他问自己:苹果为什么总是垂直落地呢?为什么不是向旁边或者向上掉呢?为什么总要掉向地心呢?"牛顿的助手也回忆说,1666年牛顿离开剑桥回家,在花园里散步时总是想着导致苹果掉落的重力。他想这重力不应该只限于某个高度,而是可以达到很远的距离,直到月亮,把月亮拉住。然而从学术念头到科学理论,中间有着很长的路要走。地球的重力延伸到月亮,这念头自从1660年代后期萌生之后,牛顿又花了20年才提出了"万有引力"理论:这种力和距离的平方成反比,影响着所有的天体。在科学创造的道路上,偶然发现其实是长期准备之后的必然产物。

牛顿作出了这么多的学术贡献,想来一定是位终生专注的科学家——可是你错了。1696年，53岁的牛顿由财政大臣提议，迁到了伦敦做皇家铸币厂的监管，一直到去世。在一生80余年的生涯里，牛顿只是在前40年做科学，后40年是在钻研"炼金术"和注释《圣经》。1936年，一位经济学家在拍卖行购得一箱子牛顿的文件，吃惊地发现这些材料的绝大部分和力学、光学、天体运动统统无关，而是牛顿潜心研究如何把贱金属变成贵金属的资料。牛顿自学了希伯来文，用来研究耶路撒冷古代所罗门王神殿的平面图，他认为图里隐藏着线索，从中有望解读出基督二次降临和世界末日的日期。

天才的个性往往不同寻常。若论个性，牛顿很可能算是个怪人。他终身未娶，离群索居。科学家为人的一项重要考验，在于如何对待合作或者竞争的伙伴，尤其是如何对待旗鼓相当的同行。当时有位略年长于牛顿的罗伯特·胡克（Robert Hooke，1635—1703），也是17世纪英国最杰出的科学家之一，在力学、光学、天文学等多方面都有重大成就（图3.7）。使他出名的只是关于弹性体变形的"胡克定律"，其实他的贡献极为广泛：他设计制造了真空泵、显微镜和望远镜，发现光波是横波，"细胞"这个名词也是他取的，甚至在城市设计和建筑方面

艾萨克·牛顿

罗伯特·胡克

图3.7　牛顿和罗伯特·胡克

也有重要的贡献,以至于有"英国达·芬奇"之称。

1679年,罗伯特·胡克写信给牛顿,提出天体的运动有中心引力拉住,而引力与距离的平方应成反比。因此,地球表面抛体的轨道应该是椭圆,而不像牛顿所说的,抛体的轨迹是一条螺旋线,最终将绕到地心。牛顿对此没有复信,但是接受了罗伯特·胡克的观点。当1686年牛顿将载有万有引力定律的《自然哲学的数学原理》卷一的稿件送给英国皇家学会时,罗伯特·胡克希望牛顿在序言中能对他的劳动成果也"提一下",但遭到牛顿的断然拒绝。后来罗伯特·胡克控告牛顿剽窃他的成果,但是没有效果。1703年罗伯特·胡克去世后不久,牛顿当上了英国皇家学会的会长,他把英国皇家学会中罗伯特·胡克的实验室、图书馆全都解散,罗伯特·胡克所有研究材料均被销毁。其实罗伯特·胡克和牛顿的纠葛从光学研究时早已开始,牛顿主张光学微粒说,而罗伯特·胡克认为光是波,牛顿在皇家学会遭到过罗伯特·胡克的严厉抨击,可以说结怨那时已经开始。故而牛顿等到罗伯特·胡克过世后方才发表自己的《光学》一书,尽管该书大部分内容早已完成。

更加著名的是牛顿和德国的莱布尼茨之争:究竟是谁首先发现了微积分。这场争论持续了相当长的一段时间,造成了英国和德国,甚至和欧洲大陆的数学家之间的长期对立,也使得英国的数学研究停滞了一个多世纪。

其实科学界同行的关系,并不一定要采用对立的方式。另一位英国学者的故事,也许可以给我们更多的启发。

达尔文与华莱士

"贝格尔号"船上的5年环球考察(1831—1836),铸就了达尔文的一生,因为他由此发现了进化论。关键的一站是东太平洋的加拉帕戈斯(Galapagos)群岛,各个岛上的雀类各有不同,其实都属于同一类,都是效舌鸫。只是各个岛上的食物不同,导致雀类之间的差别:要啄开坚果的,喙短而硬;要在岩缝中啄螺的,喙长而尖。来自同一个大陆的雀类,因为适应各个岛屿的环境而发生了变化,这就是生物的进化(图3.8)。

图3.8 达尔文考察东太平洋加拉帕戈斯群岛雀类的漫画

然而在19世纪中期,神创论才是共识,要说物种会变化,那是离经叛道的危险思想。达尔文从"贝格尔号"航行归来,尽管掌握了物种变化的证据,还是过了5年才草拟出他新理论的雏形,写了35页的初稿;再过两年到了1844年,初稿扩充到230页,但还是锁进了抽屉,而且一放就是十多年,只是给朋友看过征求意见,这朋友就是地质学的创始人莱伊尔。

达尔文并不急于发表自己的理论。他十分明白这场学术挑战的深度和反对派的分量,总觉得披露进化论就像"招认自己是一名杀人犯"一般。当然,达尔文把文稿放下15年还有别的原因:他成了10个孩子的父亲;他用将近8年的时间写了一部关于藤壶的详细著作;而且他还得了一种怪病:经常无精打采,只能连续工作20分钟。所以说,达尔文的手稿也许到死也不会发表,如果不是一封远东来信打破了这段沉默。

1858年初夏，一封东南亚的来信，使达尔文大吃一惊。信是他的朋友华莱士（Alfred Russel Wallace，1823—1913）寄来的，信中附了一篇题为《论变种无限偏离原始型的倾向》的短文，委托达尔文转交给莱伊尔，以便在杂志上发表。当时华莱士是位年轻的博物学家，他在马来群岛的考察中也得出了生物进化的观点。这篇文稿提出的就是自然选择的理论，和达尔文尚未发表的手稿不谋而合。

这封信使达尔文进退两难。如果他抢先发表自己的作品，可以确保自己的优先权，但他就会占了远在万里之外一位仰慕者的便宜；如果发扬绅士风度退让一步，他就会失去自己20年研究的发现权。此时的达尔文经受了极大的精神折磨，因为正巧在这时候他的小儿子去世。尽管悲痛至极，达尔文还是给两位朋友写信，这两位朋友便是上述的莱伊尔和皇家植物园园长约瑟夫·胡克（Joseph Hooker，1817—1911），提出愿意给华莱士让路，但那就意味着他自己的所有工作"都将付诸东流，无论那成果有多大意义"。

莱伊尔和约瑟夫·胡克出了个很好的主意，建议采用两全其美的办法。他们将达尔文和华莱士观点的概要同时提交林奈学会，让两篇论文一道宣读。1858年7月1日林奈学会宣读了7篇论文，达尔文和华莱士的论文都在其中。华莱士当时还在远东，达尔文本人也没有出席，他和夫人正在安葬自己的孩子。大约30位学者出席了会议，这两篇文章既未被讨论，也没有反响，事后也只有一位教授在文章中有个评语，说这两篇文章"凡是新的内容都是荒谬的，凡是旧的内容都是正确的"。

华莱士过了好久才知道这一切，他表现得很平静，似乎对能够进入进化论的发现者之列就感到高兴，他此后也一直把这个理论称为"达尔文主义"。达尔文则加快了步子，从1858年9月开始，在莱伊尔和约瑟夫·胡克的热情鼓励下，花了13个月零10天，写出了《物种起源》第四稿，终于觉得这份著作可以出版了。果然"洛阳纸贵"，1859年11月24日达尔文的巨著《物种起源》问世，所印的1000多册书当天就一售而空。

回顾起来,这场纠纷的圆满解决,关键在于当事人。华莱士的年龄和名气都不如达尔文,但他是生物地理学的创始人,生物地理学里经典的"华莱士线"就是他发现的(图3.9)。这是一位没有大学文凭而兴趣广泛的探险家,从社会主义到降神术、从生物地理学到火星生命都有所涉猎,而且十分活跃、热衷旅行,曾经在亚马孙流域(4年)和马来群岛(8年)做探险考察,一生发表了21本书和大约700篇文章,这是一位充满对自然的热爱和对他人的友情,而本人又无意追求虚荣的人。华莱士和达尔文的友谊延续到晚年,只是后来的华莱士对进化论并不热心。

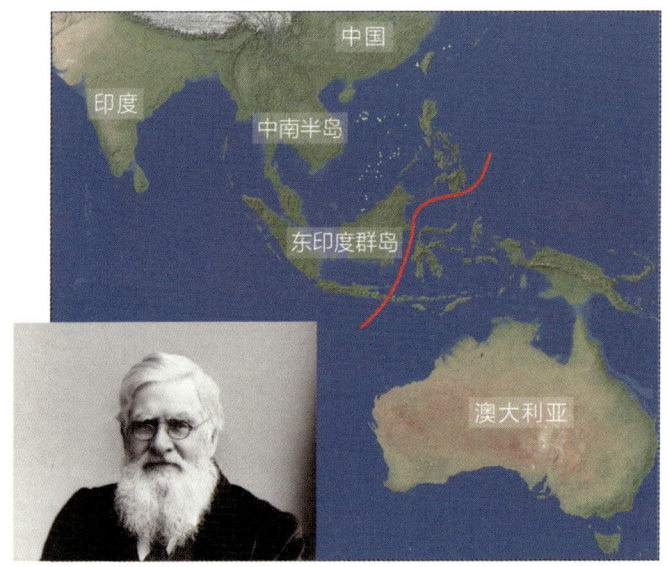

图3.9　华莱士和生物地理学华莱士线(图上红线)

值得研究的是达尔文治学的大家风度。发现了进化论却放在手头20年不发表,甚至在倒逼之下有过"让贤"的考虑,这与他的经历和处境都不无关系。达尔文的工作条件,和现在的科学家大不相同。他的家庭条件优越,一辈子从来没有上过班。如果不是"贝格尔号"环球航行,他本应该成为一名乡村牧师。然而1831年,海军测量船"贝格尔号"23岁的船长邀请22岁的达尔文做伴,陪同他一起做环球航行。18—19世纪的考察船都是军舰,船上条件并不好,达尔文在5年航行里有许多时间是在岸上度过的,但是艰辛的航行,却给他带来了意外的收获。

达尔文在航行中锻炼出来的冒险精神贯穿了他的一生,航行中收集的标本足够他研究一辈子。从地质学到生物学,达尔文有一系列的发现,包括珊瑚礁成因的假说。1836年,27岁的达尔文回到家乡,从此以后再未离开过英格兰。达尔文的家在肯特郡的唐村(Downe),他的故居唐屋(Downe House)是他当年进行科学研究的地方,现在是开放的教育基地。家里的花园是他做蚯蚓等实验的场地,花园里的"沙径"(Sand Salk)就是他边散步边思考问题的空间(图3.10)。对于达尔文来说,科学研究就是为自己提出的问题寻求答案,除此之外并没有其他必需的追求。

图3.10 达尔文的家。左:伦敦南郊的达尔文故居——唐屋;右:故居花园里的"沙径"

回顾历史,这两位学者的竞争处理相当公允。两人科学贡献不同,工作风格不同,历史的评价也不相同,但是有一点却是共同的:如何处理科学发现上产生的冲突,他们两位为我们后人做出了优秀的榜样。

爱迪生与特斯拉

爱迪生(Thomas Edison,1847—1931)在中国家喻户晓,而特斯拉(Nikola

Tesla, 1856—1943)就不见得。要不是电动汽车公司用来做品牌名称,一般中国人不大会知道这个名字。实际上这两位都是旷世奇才、大发明家,但是性格和道路迥异,结果不但个人的命运不同,所产生的社会影响也不可同日而语。

爱迪生是世界各国励志教育的英雄,一代又一代的中国孩子,都是看着爱迪生故事长大的。他是公众心目中发明家、事业家的典范,在今天的美国,以他的名字命名的博物馆和学校不计其数(图3.11)。他出生在美国北部俄亥俄州的米兰镇,那里现在改称爱迪生镇。童年爱迪生的条件并不好,据说他很晚才会说话,少年时候耳朵就有点聋,反正他说12岁以后就没有听见过鸟叫。但是他对什么都好奇,什么都要问,以至于小学只上了三个月就退了出来,全靠他当教师的母亲自己教。爱迪生不仅好奇,而且喜欢动手做实验,甚至曾用自己的身体来孵鸡蛋。刚到10岁就在家里做实验,还常常惹出祸来。

图3.11 美国各地爱迪生纪念场所的实例。A.新泽西州国家历史公园;B.新泽西州的爱迪生纪念碑;C.佛罗里达州的爱迪生和福特冬季庄园;D.加利福尼亚州门罗公园的爱迪生中心和爱迪生纪念塔;E.爱迪生纪念塔下的纪念物——电灯泡

但就是这个没有学历的孩子,变成了成就空前的发明家。从22岁起,爱迪生一生总共有2000多项发明,在美国专利局拥有1063项专利。要说天下有些专利其实并没有什么用,但爱迪生的许多发明却改变了人类社会的生活方式,

比如留声机、电影摄影机、电灯,都产生了极大的影响,尤其是高电阻白炽灯的发明,把人类带进一个崭新的电光世界,可以说在科技史上开辟了新纪元(图3.12)。当1931年爱迪生以84岁高龄去世的时候,时任美国总统胡佛要求在爱迪生葬礼那天全国熄灯一分钟以示纪念。

然而,作为"发明大王"的爱迪生,也招来过不少非议。白炽灯是爱迪生众多发明中的一张王牌,爱迪生纪念塔的塔顶也是以灯泡作为标志(图3.11D、E),但是白炽灯是不是爱迪生的发明,历来就有争论。冲突最直接的一位是英国物理学家斯旺(Joseph Swan),他打1850年代起就开始研究白炽灯,那时候爱迪生还是个孩子。到了1870年代爱

图3.12 "发明大王"爱迪生。上:爱迪生和白炽灯;中、下:爱迪生和福特冬季庄园博物馆里陈列的留声机和电影摄影机

迪生也来猛攻同一个目标,最后两人几乎同时取得了成功。白炽灯的最后关键在于灯芯,爱迪生一天干20小时,拿300种材料做了1400次实验。到了1880年,斯旺在英国、爱迪生在美国都取得了白炽灯的专利。虽然英国法院判决斯旺赢得了这场争夺专利的官司,双方却又从商业利益出发,联合起来组成爱迪斯旺(Adiswan)公司,于是外人看起来灯泡成了爱迪生的发明。当然,斯旺是个物理学家,科学界并没有忽视他的成就,1904年斯旺被封为爵士,成为皇家学会会员。

而这大概就是企业家和科学家的分野:爱迪生的成功在于他不仅是位科学发明家,而且是位富有商业头脑的企业家。他在1878年建立了爱迪生电灯公

司之后，得到了美国金融界巨头摩根（John Morgan）的青睐。摩根不仅投资爱迪生的公司，而且想到一旦爱迪生的电灯通用全国，必定先要铺设电网，于是命人赶紧筹备了一家铜业公司。他制造舆论，贬低别人，把爱迪生塑造为天才，从而展现了一个典型的美国式成功之道。1892年，摩根出资将爱迪生通用电气公司和汤姆森-休斯敦电气公司合并，成立了通用电气公司（GE），经过两次世界大战的发展，繁荣至今。

就这样，爱迪生步入了富豪的殿堂。1885年，他在佛罗里达州购置了庄园作为过冬的别墅，接着汽车大王福特（Henry Ford）也来此建设庄园，两家成为比邻，现在这120亩地的"爱迪生和福特冬季庄园"也是"爱迪生-福特博物馆"的所在地（图3.11C和图3.12中、下），成为美国人景仰两位大佬的朝圣之地。爱迪生的社会地位超出了科学家的范畴，在美国权威期刊《大西洋月刊》评选的美国历史上100位最有影响力的人物中，爱迪生位列第9名。

当大家歌颂爱迪生功绩的时候，常常会有人拿特斯拉来做对比。不少人为特斯拉打抱不平，认为特斯拉的发明天才远在爱迪生之上。著名的"科幻杂志之父"根斯巴克（Hugo Gernsback）是这样评价他的："假如你指的是真的原创发明，而不是改进别人的发明，那毫无疑问，特斯拉不仅是目前，而且是有史以来全球最伟大的发明家。"

尼古拉·特斯拉（图3.13A），生于塞尔维亚的牧师家庭，在当时奥匈帝国的大学里学工程，在他28岁去美国之前已经有了多项发明，但据说到达纽约的时候兜里只剩几分钱。他一度在爱迪生的公司里工作，但不久就跳了出来。30岁时特斯拉成立了自己的公司。他和爱迪生的交手，就是所谓的"电流之战"。19世纪初都是用的直流电，包括爱迪生在内；而特斯拉1883年就制成了第一台小型交流电动机。究竟是用直流电还是用交流电？爱迪生开始了一场针对交流电的中伤诋毁运动，在众多记者面前用高压交流电做了一系列可怕的交流电实验，包括将小猫或小狗瞬间电死。作为对爱迪生的反击，特斯拉也在舞台上进行了很多真正的"电魔术"表演，使人惊叹之余也相信交流电是非常安全的。最后当然交流电获胜,1893年世界博览会在芝加哥开幕,用特斯拉的交流电点的电灯,照亮了整个会场。

接着,美国的尼亚加拉(Niagara)水力发电站也采用了特斯拉的交流电发电和输电技术,为此在尼亚加拉瀑布城的山羊岛上树立了特斯拉的铜像。在他的众多发明中,最具有亮度的大概是"特斯拉线圈",可以获得上百万伏的高频电压,人工制造闪电。1903年7月,他在纽约长岛建筑的铁塔上制造人工闪电,照亮了方圆数百千米的夜空。在此之前4年,他还曾经用电振荡器制造过小型人工地震,因此有人怀疑特斯拉究竟是人还是神,甚至怀疑是他制造了1908年西伯利亚通古斯的大爆炸。

应该说,特斯拉有许多高瞻远瞩的超前思想。他的"放大发射机"(图3.13B),现在被称为大功率高频传输线共振变压器,就是想摆脱电线,实现无线输电。他设想把地球作为内导体,地球电离层作为外导体,通过他的放大发射机,利用环绕地球的表面电磁波来传输能量,可惜这种电力的无线传输,直到今天还处在实验研发阶段。尽管不能和爱迪生比,但特斯拉在美国,尤其在欧洲也享有很高的声誉。80岁时,他获得南斯拉夫最高荣誉——白鹰大奖章,以及捷克斯洛伐克的白狮大奖章和布拉格大学的荣誉博士学位。现在塞尔维亚首都贝尔格莱德也设有纪念他的博物馆(图3.13C)。1960年,国际计量大会决定将磁感应强度单位命名为特斯拉(T),1975年特斯拉进入美国发明家名人堂,2003年美国电动汽车和能源公司以特斯拉命名,2019年欧洲委员会设立纪念个人的"文化线路"(cultural route),首选就是"特斯拉之路"。

特斯拉是一位业务上的天才,却不见得是组织运作的好手。据说他一天只睡两个小时,最终取得了700多项(也有说是上千项)专利。他会8种欧洲语言,不仅是位科学家,也是诗人、哲学家和音乐鉴赏家。但是特斯拉办的公司并不成功,他最大的成功在交流电,但是并没有得到应有的回报,也没有因此发财。他放弃了交流电专利,有人说是在财团势力的要挟下,也有说法是他自己主动放弃的。

图 3.13　A. 特斯拉；B. 1899 年特斯拉在实验室里展示他"放大发射机"线圈的威力；C. 塞尔维亚贝尔格莱德市的特斯拉博物馆

特斯拉在人生的中途遭受了失败。1901年,大财主摩根投资15万美元,特斯拉开始在纽约长岛建造100多米(后改为50多米)高的铁塔,想要实现跨大西洋的无线电通信。结果工程耗资巨大,而摩根拒绝继续投资,特斯拉筹款无着,未完工的高塔只能炸毁,特斯拉落了一身债。晚年的特斯拉纵然有许多设想,但是缺乏支持,都不能实现。他和爱迪生都活到80多岁,但是爱迪生先后有两任妻室、育有6个儿女,有的还当过州长,可谓福盈满门;而特斯拉终身未娶,最后心脏衰竭在纽约的酒店里去世,始终孑然一身。

一个很自然的问题:这两位大发明家的区别在哪里?两人都有超人的创新能力,但是爱迪生有商业头脑。确实,爱迪生的许多专利不见得是他的,而是他公司雇员的发明,但是他是世界上第一个组织实验室进行创新发明的人。同时,他是一位没有休止的试验狂和事业狂,即使到了80岁的时候,还在开始试验种植各种可以做橡胶的植物,试图解决美国原料进口受到的限制。爱迪生著名的格言之一是:"我没有失败过,我只是发现了有一万种方法是行不通的。"

满门诺贝尔奖

现代科学研究的进行,在绝大多数情况下都要求合作,家庭既然是社会生活的基础,当然也可以成为科研合作的天然单元。有趣的是,科学史上不少重大突破,也有这种家庭合作的印记,成为广为流传的学坛佳话。要说科学家的个人和家庭,古今中外有过数不清的传记和艺术作品,若要评选影响和名声最大的一位,那就非居里夫人(Marie Curie,1867—1934)莫属。她一人获得两门学科的诺贝尔奖,全家5人赢得了6枚诺贝尔奖章,至今是世界第一的诺贝尔奖之家。

居里夫人是法国的骄傲,但其实她是波兰人。1867年,华沙一位中学数理老师家里添了小女儿——玛丽亚·斯克罗多夫斯卡(Manya Skłodowska),也就是未来的居里夫人。尽管她16岁中学毕业时成绩优异获得金奖,但由于家境困

图3.14 居里夫妇骑车出行前的留影

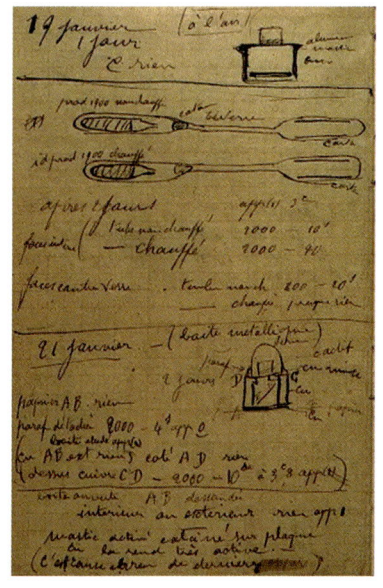

图3.15 居里夫人的工作笔记

难,她做了几年教师,24岁才到巴黎大学念书。取得了物理和数学两份毕业证书后,她想回波兰的大学任教,但因为是女性未获批准。就这样,她留在巴黎的物理实验室里做研究,并且在1895年和实验室的同事皮埃尔·居里(Pierre Curie,1859—1906)结婚,成了居里夫人(图3.14)。

当时她的兴趣在于物质的放射性。那时,已经知道铀有放射性,但是沥青铀矿的放射性太强,她相信里面必定还有放射性比铀更强的新物质,于是着手分析沥青铀矿。她丈夫意识到这项研究的重要性,也放下了自己原来结晶压电效应的研究,和她一道分析了数吨沥青铀矿里的放射成分。最终他们发现了两种新的化学元素,并成功地分离出了氯化镭:不忘祖国波兰(Poland)的居里夫人把一个元素命名为polonium(钋,Po),另一个用标志放射性(radiate)的词根命名为radium(镭,Ra)。因为他们对放射性的发现和研究,居里夫妇和贝克勒尔(Henri Becquerel)共同获得了1903年的诺贝尔物理学奖,居里夫人也因此成了历史上第一位获得诺贝尔奖的女性。

其实,放射性元素的研究对身体有极大的危害。发现镭元素以后,皮埃尔·居里不顾危险,用自己的手臂去试验镭的作用。他看到臂上有了伤痕,反而高兴极了,赶紧写了一篇报告给科学院,冷静地叙述他观察所得的症状。居里夫人67岁死于白血病,实际上放射性导致的疾病早就困扰着他们,皮埃尔也早有病痛,只是车祸提前结束了他的生命。居里夫人的笔记本(图3.15)也染上了放射性,而且放射性还要延续1500年,因此只能保存在铅盒里。然而真正的科学家想的只是科学,皮埃尔·居里的性格极为豁达,并不在意得到什么荣誉。据说他从英国领回授予他们夫妻俩的金质奖章,回来就给6岁的女儿当玩具。

然而生活里有太多的偶然性。得奖3年后，皮埃尔·居里在穿过马路时滑倒在马车轮下，脑壳破裂，去世时只有47岁。痛苦中的居里夫人坚持研究，1911年又因为成功分离出纯的金属镭而获得诺贝尔化学奖，成为唯一一位同时获得物理和化学两大学科诺贝尔奖的科学家。这时候放射性元素的应用价值已经非常突出，出人意料的是，居里夫人在获得诺贝尔奖之后，并没有为提炼纯净镭的方法申请专利，而是将它公之于众，这种做法有效地推动了放射化学的发展。

尽管经历过种种风波，但居里夫人受到了世界学术界的极高评价。爱因斯坦（Albert Einstein）说："在所有的名人当中，玛丽·居里是唯一没有被盛名宠坏的人。"1934年，居里夫人去世，安葬的时候她的亲人把从波兰带来的泥土撒在坟上。1995年，居里夫人的遗骸被奉入巴黎先贤祠（Pantheon），这是第一位因为自己的功绩入祀先贤祠的女性，她不仅是法国和波兰的光荣（图3.16），也是世界科学界的骄傲。

图3.16　波兰的居里夫人纪念邮票

尤其令人尊敬的，是居里夫人的一家。她的大女儿伊雷娜·约里奥-居里（Irène Joliot-Curie）紧跟着母亲走进科学，和丈夫一起获得了1935年诺贝尔化学奖。小女儿艾芙·居里（Ève Curie）在母亲去世之后写了《居里夫人传》，她的丈夫拉布伊斯（Henry Labouisse）作为联合国儿童基金会执行主任获得过诺贝尔和平奖，使得居里一家出了5位诺贝尔奖得主，不过最后一项并不属于科学研究的范畴。

作为家族的学术传承，中国历史上只出过7组"父子状元"，而诺贝尔奖颁发至今120年，也只有6对父子都获得诺贝尔奖的科坛佳话。最为精彩的是父子同榜：1915年诺贝尔物理学奖授予英国的亨利·布拉格（William Henry Bragg，1862—1942）和他的儿子劳伦斯·布拉格（William Lawrence Bragg，1890—1971），以表彰他们用X射线分析晶体结构所作的贡献。布拉格这个名字几乎是现代结晶学的同义词,而时年25岁的小布拉格,还是历史上最年轻的诺贝尔奖得主(图3.17)。

图3.17 共享同一份诺贝尔奖的布拉格父子

比较多的例子是父子属于同一或者相关领域,但儿子获奖的时间是在父亲获奖三四十年之后。比如英国的汤姆孙父子(Joseph John Thomson & George Paget Thomson)分别获得1906年和1937年诺贝尔物理学奖,德裔瑞典人奥伊勒父子(Hans von Euler-Chelpin & Ulf von Euler)分别获得1929年诺贝尔化学奖和1970年诺贝尔生理学或医学奖,美国的科恩伯格父子(Arthur Kornberg & Roger D. Kornberg)分别获得1959年诺贝尔生理学或医学奖和2006年诺贝尔化学奖。也有相隔半个世纪的,丹麦的玻尔父子(Niels Bohr & Aage Bohr)分别获得1922年和1975年诺贝尔物理学奖,相差53年。相隔更长的是瑞典的西格巴恩父子(Manne Siegbahn & Kai Siegbahn),分别荣获1924年和1981年诺贝尔物理学奖,相距57年。小西格巴恩得奖时老西格巴恩早已谢世,但是小西格巴恩在获奖致辞中,谈到了父亲对自己的影响:"如果你每天从早饭时候起就开始讨论物理学,那肯定是大有好处的。"

当然，诺贝尔奖绝不是评价科学的唯一标准，何况许多学科并不属于该奖涵盖的范围。说到父子合作，地质界有个绝好的例子：破解恐龙灭绝的导火线之谜。地球上横行一时的恐龙，在6600万年前骤然消失，谁是罪魁祸首？1980年，美国的阿尔瓦雷茨父子（Luis Alvarez & Walter Alvarez）从意大利的深水灰岩露头上，发现发生灭绝事件那个年代的地层里痕量元素铱（Ir）的含量特别高。铱是在陨石里富集而在地壳里极为罕见的元素，于是他们推断是一颗直径10千米大小的小行星撞击地球，造成灭绝事件，后来的大洋钻探证明了小行星撞击假说。这项科学突破的力量来自父子的跨学科合作：儿子瓦尔特是优秀的地质学家，父亲路易斯是得过诺贝尔奖的物理学家，正是两者的交叉抓住了案件的线索，指出了"破案"的方向。

父子组合只是家庭合作的一种，科技史上兄弟合作的成功实例也并不罕见，生物学里著名的有美国的奥德姆兄弟建立生态系统生态学的故事。哥哥尤金·奥德姆（Eugene P. Odum, 1913—2002）曾任美国生态学会会长，有"现代生态学之父"之称；小他11岁的弟弟霍华德·奥德姆（Howard T. Odum, 1924—2002）擅长计算机技术和生物地球化学。两者的合作珠联璧合，把生物和环境当作一个整体来研究，创立了生态系统生态学并提出了藻类共生的概念。哥哥尤金编写的《生态学基础》一书初版于1953年，首次提出生态系统的概念。此书一版再版，被译成20种文字出版。1959年出版的第二版由兄弟俩合作完成，其中关于能量流和生物地球化学的几章，就是由弟弟霍华德执笔撰写，他将热力学第二定律引入生态学，将生态系统内复杂的关系提升到能量高度来进行讨论。

在进行创造性劳动的人群中，传承启发和合作共事显得格外重要，因此家族团队往往可以发挥令人羡慕的作用。当然，这种现象在文艺界大概比科技界还要多，无论是19世纪奥地利的施特劳斯（Strauss）音乐家族，还是20世纪我国京剧界的尚家班，其家族合作的规模远非科学界所能企及。

魏格纳之死

魏格纳(Alfred Wegener, 1880—1930)之所以出名,是因为提出了大陆漂移说,其实他并不是地质学家,他应该属于气候学家,主要研究极地,尤其是格陵兰的冰盖。魏格纳从小就热衷于极地探险,最后也是在格陵兰冰盖上壮烈献身。

格陵兰是北极圈里的世界第一大岛,除了海岸都是2000米厚的冰盖,只有海边才有原住民,有耐寒的黄种人——因纽特人在那里捕鱼为生。格陵兰岛的内陆、冰盖的中心,是人类活动的禁区,其冬季的气候一直是科学之谜。1930—1931年德国的一次历史性的壮举,是在格陵兰冰盖的内陆进行越冬考察,在极地获取上层大气的风暴记录,领队人就是魏格纳。

越冬考察的位置选在全球最冷的地方之一:海拔3010米、离岸402千米、纬度71°N的"冰中站"(Eismitte)(图3.18B)。格陵兰受极端气候限制,只有夏天才可以活动。到了冬天,北极圈里是不出太阳的极夜,海岸也只有冰化的季节才能行船,上了岸交通运输就靠雪橇。当年除了狗拉的雪橇,已经有了螺旋桨推动的雪地摩托。1930年春,魏格纳带领着21人的科考队伍,配备上全套设备,登上格陵兰进行探险。

但是天不作美,到了格陵兰还是无法靠上冰封的岸线,从1930年4月15日等到6月17日,才把98吨物资运上海岸,在格陵兰西岸搭建营地。为了抢回损失的时间,两位科学家在7月里先行出发,直奔冰中站。但是天气太恶劣,计划后续运送冰中站的物资过了一两个月也运不过去,连住人的小屋和通信用的无线电都没有运走,而冬天很快就要降临。

身为领队的魏格纳焦急万分。到了9月21日,他和气象学博士洛(Fritz Lowe),加上13位格陵兰当地人,用15条狗拉的雪橇载着粮食物资,去营救冰中站的两位科学家。可是顶着极度恶劣的风雪,7天才走了60千米。同行的格陵兰人不干了,只剩下一位22岁的维鲁姆森(Rasmus Villumsen)(图3.18A)坚持下来,和魏格纳、洛三人经过40天的艰苦旅程,终于在-54℃的极度低温下到达

图3.18 魏格纳之死。A.魏格纳(左)和维鲁姆森(右);B."冰中站"的地理位置;C.2006年格陵兰纪念邮张,背景是1930年的魏格纳探险队营地

了冰中站。

可喜的是那两位先行科学家的能力不凡,他们已经挖冰雪为自己建了个居住的窝,带来的粮食勉强也可以过冬,也就是说魏格纳不来营救,他们也能坚持。成问题的反倒是这个救护队自身:洛博士的脚已经受伤不能再走,全部粮食加在一起也不够5个人过冬。于是魏格纳和维鲁姆森决定再度启程,返回大本营。说来也巧,11月1日正是魏格纳50岁生日,5个人一起吃了点干果和巧克力庆祝,要知道在当时的极地,这就是最好的美餐。几小时后,魏格纳和维鲁姆森就出发了。

以后的信息就全是空白。西海岸营地的人,直到第二年春天还不见消息,猜想魏格纳一定留在冰中站过冬;冰中站的人,猜想他们早已回到营地。要等到1931年4月,才在离岸190千米处,也就是在这两站间的中途,发现有竖着的一对雪橇,中间是根折断的滑雪杆。5月12日,赶来发掘的队友们在冰雪下面找到了魏格纳的遗体,安放在睡袋和鹿皮上,显然是维鲁姆森精心堆置了这座雪坟,但是维鲁姆森自己也没有能支持多久,可惜他的遗体至今也没能找到。现在只能猜测,魏格纳是在回程的半路上心肌衰竭去世。德国方面后来想把他的遗体运回国内安葬,魏格纳的妻子谢绝了,她相信丈夫会更愿意长眠在格陵兰的冰雪里。

然而,给魏格纳带来全球声誉的,并不是他为科学事业的壮烈献身,而是他提出的"大陆漂移"假说;再说他的声誉来得很晚,是在他去世后三四十年板块学说确立之后。说起大陆漂移的思想,实际上16世纪就已经萌生,特别是南美洲和非洲海岸线的走向如此相似(图3.19右),各个时代的学者,都不免会猜想两块大陆之间的关系。现在属比利时的地图学家奥特柳斯(Abraham Ortelius)早在1596年就猜测,非洲和南美洲是从前同一个大陆分裂而成。后来英国哲学家培根(Francis Bacon)于1620年,德国科学家洪堡(Alexander von Humboldt, 1769—1859)于1807年,也都表达过类似的想法。魏格纳同样受海岸线

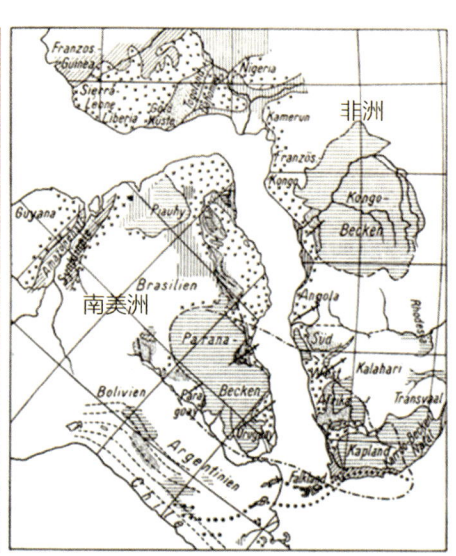

图3.19 魏格纳的大陆漂移说。左:《海陆的起源》德文原版书封面;右:书中的插图,示南美洲与非洲的连接

走向的启发,但是他的考虑要全面得多,他提出的依据包括两边大陆上有相似的地层、相似的化石和相互对应的山脉,从而认为两亿年前有过联合大陆,后来漂移分离。1915年,魏格纳发表了德文专著《海陆的起源》(*Die Entstehung der Kontinente und Ozeane*)(图3.19),在书中系统地阐述、论证了他在1912年提出的"大陆漂移说"。这本书后被译成不同文字,经魏格纳本人多次修订补充,直到今天还是地球科学的经典著作之一。

然而在当时,"大陆漂移说"的提出给魏格纳带来了一场灾难,因为地质界无法接受。反对的理由很简单:岩石组成的地壳,怎么能够漂移?地质学家们奚落他,说搞气象的魏格纳本来就不懂地质学,根本没有资格讨论地质构造。结果没有一家德国的大学肯聘用他任教,最后到1924年,他总算在奥地利的格拉茨大学获得了气象学和地球物理学教授的职位。

魏格纳迟到的学术光环在40年后方才到来:20世纪中期,深海探测的结果支持了魏格纳的猜想。在大西洋深海的海底,发现了平行美洲和非洲岸线走向的大洋中脊,而且离中脊越远玄武岩的年龄越老,证明确实是两亿年前联合大陆的分裂造成了今天的美洲和非洲。与此同时,"大陆漂移"的概念也得到了纠正,不再是"硬碰硬"的大陆地壳在地幔上移动,而是地壳和上地幔构成的岩石圈,在塑性的软流圈上漂移,魏格纳说的"大陆漂移",只是地幔环流驱动下板块运动的一种表面现象。板块学说的建立,是20世纪地球科学最大的革命,魏格纳作为这场科学革命的先驱,享受着全世界科学界的尊敬。

与立竿见影的体育比赛不同,科学创新是一种长时期过程,尤其是源头革新往往要几十年,甚至上百年后才见分晓。像魏格纳那样一生艰辛,身后才享有哀荣的科学家,并非罕见。就地球科学而论,20世纪另一项革命性突破在于气候演变,塞尔维亚的米兰科维奇(Milutin Milanković, 1879—1958)经过20多年的手算,在1930—1940年代提出,地球轨道几何形态的周期变化可以造成近几十万年来所发生的许多冰期旋回(图3.20)。但当时只知道有阿尔卑斯山记录的四大冰期,要等到1960年代深海沉积的分析,方才证实了米兰科维奇的假

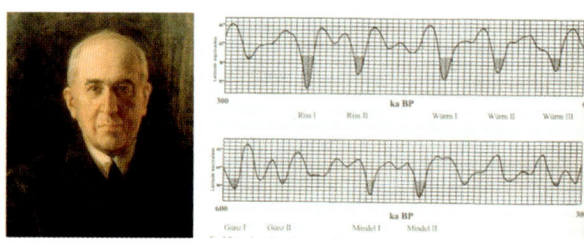

图3.20　米兰科维奇和他算出的60万年来多次冰期旋回

说。因此在1958年去世前,米兰科维奇受到的始终只有冷遇。在一次国际大会上他做报告超时,被当场请下讲台。当1980年12月"米兰科维奇与气候"国际会议在纽约举行时,受邀为米兰科维奇做开幕报告的只能是他的儿子,报告题目是"纪念我的父亲"。

如果科学进展的速度快于科学家的生命进程,那么科学家就有机会看见自己所作发现的社会价值,最近的一个例子是温室气体的记录。20世纪前期人类并不知道,也不关心大气里有多少CO_2。尽管19世纪末,就有人提出大气CO_2的增减可能引起冰期旋回,但现代大气CO_2的浓度,要等美国的基林(Charles Keeling,1928—2005)从1958年起才在夏威夷高山上开始测量。结果发现,空气中的CO_2浓度随着光合作用的强度有昼夜和季节的升降,同时还有逐年上升的趋势(图3.21右)。基林想在学报上发表这些发现,首先遇到的却是拒稿,理

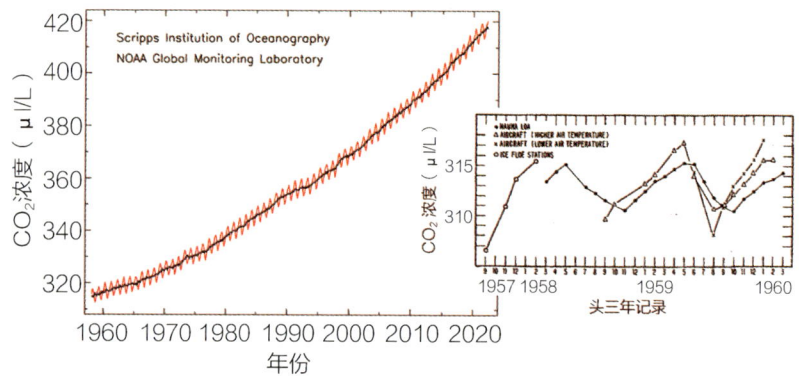

图3.21　夏威夷上空CO_2浓度的基林曲线。左:1958直到现在的64年记录;右:1958—1960年的头三年记录

由是"缺乏意义",好在基林在夏威夷开创的测量几十年来坚持至今。现在,温室效应成为人类最大的生态忧虑,而这根著名的"基林曲线",成了人类实测CO_2唯一最长的记录。进入新世纪,基林的科学贡献得到了社会的高度评价,他于2002年获得美国国家科学奖,2005年获得泰勒奖,赶在2005年过世前亲身接受了应得的荣誉。

后话

看惯了大科学家的正规传记,读一点"稗官野史"也很有益。你看他们的勇气:阿基米德怒斥执剑的罗马士兵,"不许碰坏我的圆";魏格纳为了保障同伴的安全,生日那天踏上冰盖的不归之路,这才叫科学家精神!你看他们的奋斗:爱迪生曾经一天干20个小时,特斯拉据说每天只睡两小时,这才叫科学家精神!

投入在探索中的问题里如痴如醉,局外人看起来古怪,但却是成功科学家的常规。门捷列夫梦里都是化学元素,梦见了元素周期表的雏形;皮埃尔·居里用手臂试验镭的放射性,见了伤痕还极为高兴。这才是真正的科学追求!真的科学家追求的是科学真理、学术上的谜底,不是名利。正因为这样,达尔文才能够以大家风度处理和华莱士在发现优先权上的冲突,居里夫人会放弃提炼镭的方法专利。

科学家的性格不同,有的内向、有的活跃,有的擅长组织、有的只会单干,他们科学生涯的经历也大不相同。与许多行业不同,科学研究要求长远而坚持的努力。魏格纳"大陆漂移"的假说,40多年以后经过"凤凰涅槃",才以"板块学说"新理论的身份确立于学界;米兰科维奇地球轨道造成冰期的假说,也是三四十年后才从通过深海沉积的分析得到证明,他们获得的都是身后的哀荣。

回顾这些大科学家的生平,有一点是他们成功的共同规律:战略家的眼光。只有看准了方向并且坚定不移,才能取得胜利。有一位当年参加创立"板块学说"的地球科学家回顾说:"和其他事业一样,科学中的成绩不一定属于最有天才、最有技巧、最有知识,或者著作最为宏富的科学家,而往往属于最懂得战略战术的科学家。"

扫一扫,看视频

第四章
科学家和艺术

科学和艺术,"本是同根生"。科学家和艺术家被分为两种职业,那是现在的事。分工当然有好处,可以精益求精,但是有得也有失。两者都是创造性劳动,一旦沦为谋生之道,就容易失去创新的冲动。所以我们要重温历史,了解科学和艺术共同创新源头的所在,希望能借此为科学家送上一帖创新思维的强身剂。科学和艺术都是文化,这点在中外历史上都一样,两三千年前周朝讲究的"六艺",其中就包括了音乐和数学。但是现代科学毕竟是在欧洲产生的,所以我们还是从文艺复兴时代的达·芬奇讲起。

达·芬奇是科学家吗？

1994年，比尔·盖茨（Bill Gates）在伦敦以3080万美元竞拍购得《莱斯特手稿》（*Codex Leicester*），使之成为当时世界上最贵的一本书。这本书之所以贵，是因为它是500年前达·芬奇的手稿，据说现值至少1.3亿美元。达·芬奇（Leonardo da Vinci，1452—1519）作为文艺复兴的标志人物，名气来自绘画。他流传的画数量不多，一幅《蒙娜丽莎》加一幅《最后的晚餐》，就足以将他定位为画界的魁元。在他画作的光环下，长期埋没的是他的科技手稿，其价值正在上升。

《莱斯特手稿》就是达·芬奇的手稿，是他在1506—1510年用褐色墨水写成的科技笔记，包含了丰富的插图，从天文学到地质学都有，突出的是水文学的内容，尽管16世纪初这些学科还都没有出现。达·芬奇是左撇子，他的笔记很怪，都是左手从右向左写反字，要通过镜像反射才是通常人的写法（图4.1）。

达·芬奇天天都做笔记，留下了6000页笔记和插图，都是无价之宝。它们涵盖众多学科领域，仅解剖学的图画就有200多页，都还没有发表。现在这些手稿分别收藏在欧洲不同的博物馆里，唯一在私人手里的就是这本《莱斯特手稿》。达·芬奇当年用的是双面活页纸，现在装订成72页，书名来自1717年收藏它的英国的莱斯特伯爵（Thomas Coke, 1st Earl of Leicester），20世纪初它被转手到了美国富翁哈默（Armand Hammer）手里，最后由比尔·盖茨购得，他将其制成了"微软"的软盘，现在已经成为可以下载的电子书。

《手稿》最大的特色是达·芬奇的镜像书法（图4.1B）。他不是不能用右手

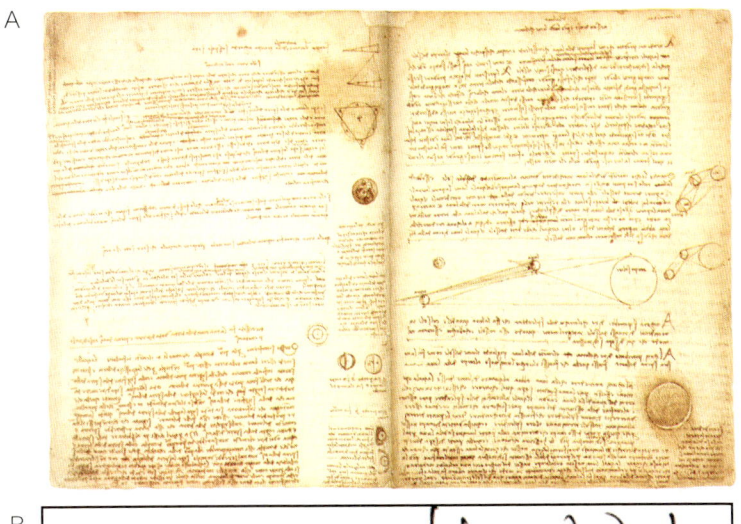

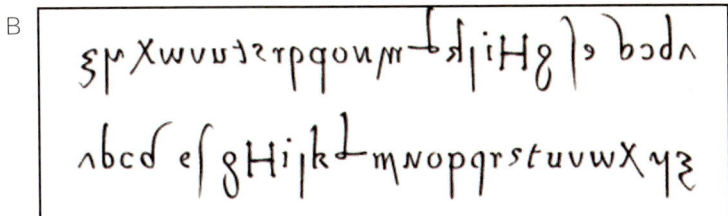

图 4.1 达·芬奇的手稿。A.《莱斯特手稿》；B. 达·芬奇左手写的反字。这里选出 a—z 的 26 个字母，上行是他的反写，下行是其镜像反射

写，据说他要写给别人看的时候就用右手正向写字，用左手写反字据推测是不想被人看懂，因为中世纪教会很忌讳自由思想，百年后伽利略的遭遇就是明证。传说达·芬奇能够左右开弓，两手同时书写：右手从左向右写正字，左手从右向左写反字。阅读达·芬奇手稿，容易读的是他的插画、素描，从中可以追踪 500 年前这位天才超前的科学意识。

尤其突出的是他的人体解剖（图 4.2）。达·芬奇 30 年间解剖了医院里 30 具不同性别年龄的人体，又解剖了牛、禽、猴、熊、蛙等作为比较，在人体结构上有重要的发现。他在历史上第一次准确描绘了脊骨的弯曲形状；他研究骨盆和骶骨的倾斜度，发现骶骨是由 5 个椎骨组成，他也是第一个画出子宫中胎儿姿势的人；他还大量描绘颈部和肩膀的肌肉和肌腱；既为作画奠定了基础，也在科学上提供了启发。比如正是达·芬奇的画，2005 年激发了一位英国心脏外科医师

发展了修补受损心脏的新方法。在中国,唐伯虎(1470—1524)是达·芬奇的同代人,唐伯虎的山水、仕女画精美绝伦,但是国画只传神、不讲剖析,以至于中国画里的马,直到徐悲鸿笔下才现出准确的解剖结构。

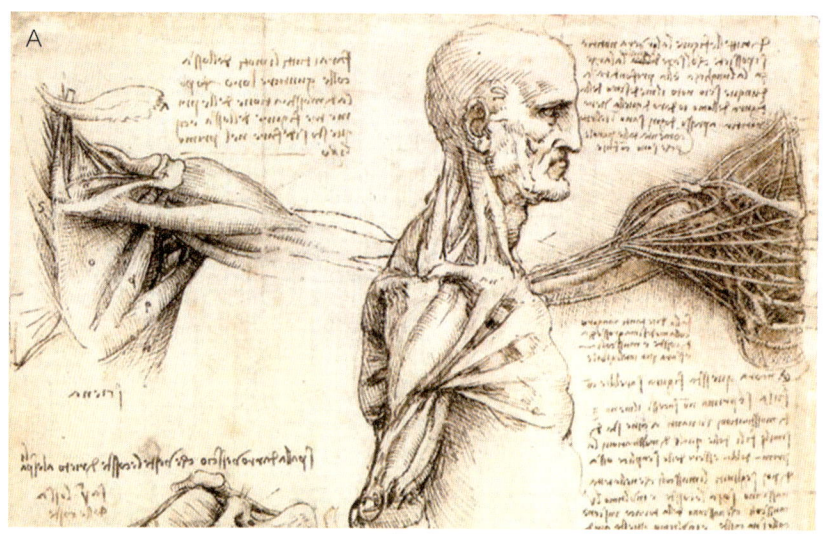

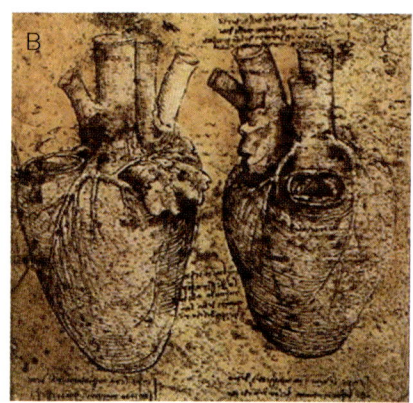 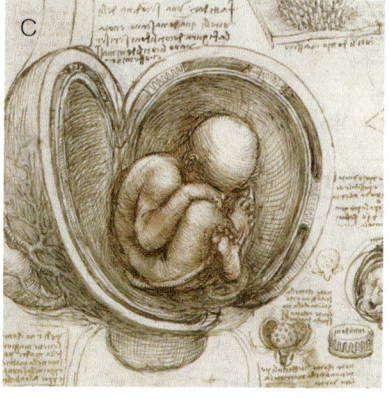

图4.2 达·芬奇手稿里的解剖学。A.人体肌肉和肌腱;B.心脏;C.子宫里的胎儿

尤为惊人的是达·芬奇在工程技术上的发明——许多实际还称不上发明,因为他提出和画出的还只是个想法,几百年后方才实现。比如基于人体解剖,他设计出史上第一个机器人;根据对鸟类飞行的详细研究,他提出了多种飞行器的设想(图4.3A)。达·芬奇吃素,因为他爱惜生命。他痛恨战争,但是他当过

军事工程师,有过非常超前的机械设计,比如机关枪、坦克车(图4.3B、C)。他的研究涉及的面极广,曾经使用凹面镜利用太阳能烧水,也曾为探索海洋设计过皮质的潜水服(图4.3D)。达·芬奇在工程方面也有重要贡献,他设计过桥梁,他提出的无级连续自动变速箱在拖拉机、雪上摩托车等交通工具上得到广泛使用。

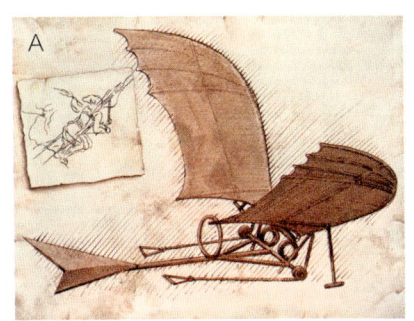

图4.3　达·芬奇手稿里的技术创新。A.飞翔机;B.机关枪;C.坦克车;D.潜水服

拥有那么多科技发现和创造的达·芬奇,究竟是位艺术家还是科学家?有人主张,创立现代科学的应该是达·芬奇,而不是哥白尼或牛顿,自然科学的产生不能只看物理、数学和天文学,生物解剖学就是现代科学。由于达·芬奇学徒出身、没有学历,写了几千页笔记从不发表,再说又是左手反写的意大利文,几百年后才被陆续解读,因而埋没了他在科学界的地位。客观地讲,达·芬奇的许多创新过于超前,他超人的精细观测和敏锐感知,缺乏数学表达和力学验证的支撑,以致他涉及的一些学科当时并没有产生。

有人为达·芬奇鸣不平，说他才是创立现代科学的第一人，也有人说他是"科学前的科学家"，这些其实都不重要，重要的是这位文艺复兴旗手的创新精神，本身就包括科学精神。这也就是达·芬奇笔记的现实意义：我们后人可以从他笔记的草图和注释中，感受到这位天才的创新思维和观察视角。

现在，达·芬奇的手稿经常会在各国展出。比如2019年6月，大英图书馆举办"达·芬奇关于运动的思考"展，同时展出3份珍藏手稿：上面说过的《莱斯特手稿》，大英图书馆自己收藏的《阿伦德尔手稿》，还有维多利亚与阿尔伯特博物馆（V&A）收藏的《福斯特手稿》，目的是展现达·芬奇对自然和物理现象的细致观察。在意大利，有家出版社运用高端修复技术，将12本典藏于意大利和6本典藏于法国的达·芬奇手稿进行修复、整合、复制为《达·芬奇手稿》，在全球限量发行。

名人传记通常都会是畅销书，但是达·芬奇传记并不怎么有趣。他成名不晚，成名后地位也不低，但是并没有家庭生活。他终身未娶，也从来没有绯闻，有人分析这和他的童年有关。达·芬奇是个私生子，由富有的父亲抚养，但从小就有恋母情结。晚年有个男学生相伴，一直有人怀疑达·芬奇是同性恋，但又始终没有拿出确凿的证据。

《维特鲁威人》与黄金分割

达·芬奇的各种作品中，最能体现科学和艺术结合的，应该是《维特鲁威人》（*Homo vitruviano*）（图4.4）。这只不过是幅钢笔素描画，比A3纸还小一点，上下都写有注解，作于1490年前后，属于达·芬奇众多笔记中的一页。然而这幅素描在人体解剖观察的基础上，引入了黄金分割等人体的比例，成为科学和艺术的历史珍宝。

《维特鲁威人》的原型是谁，至今没有人知道。而"维特鲁威"（Vitruvii）这名字，来自古罗马的建筑家，全名Marcus Vitruvius Pollio（公元前70—15），他所著的《建筑十书》一书代表了当时建筑学的顶峰。这本书从神庙建筑讲到人体，提出姿态漂亮的人体要有正确分配的肢体,所以美感的关键在于比例。达·芬奇在画面上的注解里引据了维特鲁威书里讲的人体比例,而画的人体就体现了这种比例关系。

达·芬奇所画的男子,两臂微斜上举,双腿叉开,以他的足和手指各为端点,正好外接一个圆形。画面上重叠着另一幅图像:男子两臂平伸站立,以他的头、足和手指各为端点,又正好外接一个正方形。这就反映出维特鲁威说的人体比例:手臂伸开的宽度等于身高,四肢伸展的圆心就是肚脐。其中一个关键是"黄金比例"0.618。人体肚脐上下的长度比约为0.618∶1,头顶到喉结、喉结到肚脐的距离比也约是0.618∶1,这就是"黄金比例"或者叫"黄金分割"。这种比例关系贯彻在整个画面里,比如上肢的分割点在肘关节,肚脐以下部分的分割点在膝盖(图4.4)。

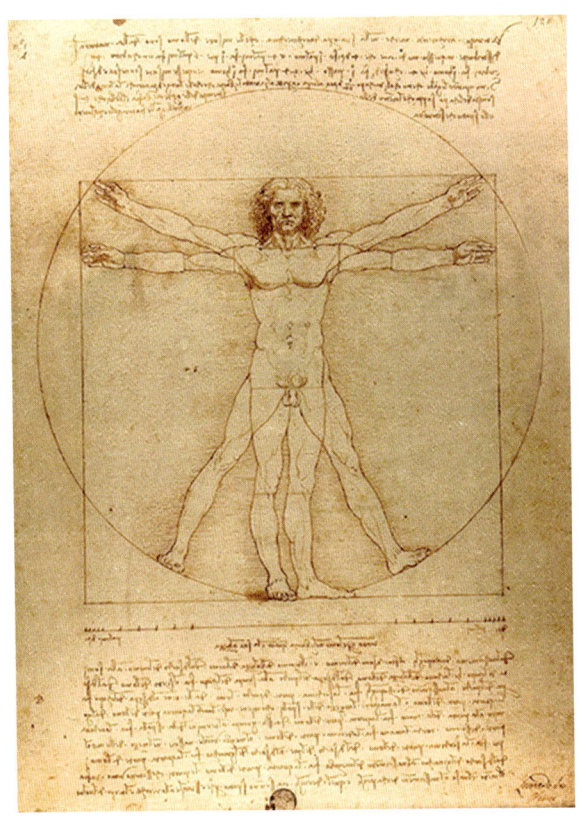

图4.4 《维特鲁威人》

"黄金比例"的概念源远流长,还是古希腊人提出来的。公元前3世纪,欧几里得(Euclid,约公元前330—前275)的《几何原本》里就已经有完整的记载。把一条线分成两段,如果大的线段和整个线段的比,正好等于小线段和大线段的比,这样的比例就会给人一种美感,而这个比例就是0.618,后来柏拉图把它叫成黄金分割。这数字确实很神奇:一条线分割成1(a)和0.618(b)两段,而前一段1(a)和整段1.618(a+b)的比还是0.618,这样的分割可以一直进行下去,以黄金比例为边的正方形构成黄金矩形(图4.5A)。

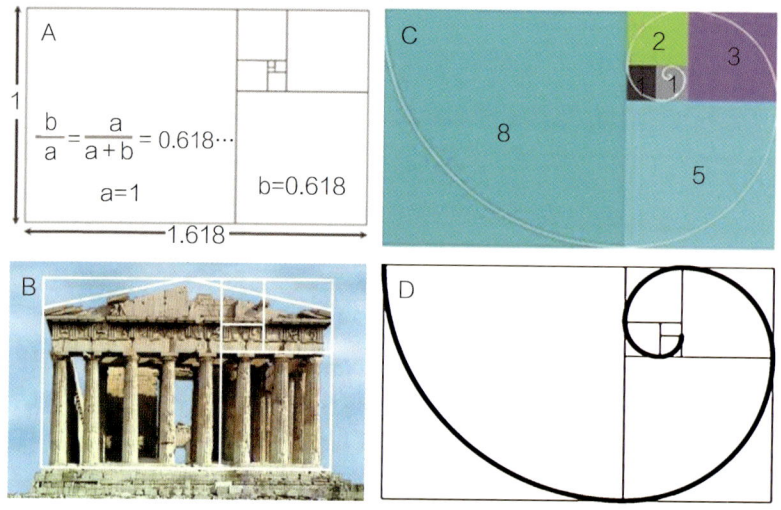

图4.5 从黄金比例到黄金曲线。A.边长为黄金比例的黄金矩形;B.帕特农神庙建筑的黄金比例;C.黄金矩形的边长为斐波那契数列;D.正方形对角线形成的黄金曲线或黄金螺旋

从古埃及金字塔到古希腊帕特农神庙(图4.5B),很多古建筑都采用了黄金比例。中世纪后,黄金分割被披上神圣的外衣,据说是上帝的主意,所以黄金分割也称为神圣分割。到19世纪,黄金分割被广泛应用在各个领域,不但建筑物中一些线段的比例要采用黄金分割,舞台上的报幕员也不是站在舞台的正中央,而是偏在一侧,站到舞台长度的黄金分割点上,这样的位置最美观,声音传播效果也最好。在现代,黄金矩形的造型已深入到家家户户;写字台的桌面,墙上的挂历,信封,过滤嘴烟盒……形状几乎都是黄金矩形。

有趣的是数学解释。意大利数学家斐波那契(Leonardo Fibonacci,约1170—约1240)以兔子的繁殖为例,引入了一个数列:1,1,2,3,5,8,13,21,34,55,89,144,233,377,610,987,1597…,称为"斐波那契数列"。这个数列的特点,是从第3项开始,每一项都等于前两项之和;而随着数字越来越大,前一项与后一项的比值越来越逼近0.618,这就是黄金分割。图4.5A的矩形,就是由斐波那契数列前几项作为边的正方形拼成(图4.5C)。再前进一步,如果用每个正方形的边作为半径画圆弧,连起来的一根螺旋形曲线,就叫作"黄金螺旋"或者"黄金曲线"(图4.5D)。

黄金分割也罢,黄金矩形也罢,都有一种数学上的比例关系,会给画面带来美感,令人愉悦,在很多艺术品中都能找到它。达·芬奇的《维特鲁威人》符合黄金比例,"蒙娜丽莎"的脸也符合黄金矩形,《最后的晚餐》的布局同样也应用了黄金比例。至于自然界,从蕨类植物、向日葵花盘、螺壳一直到飓风以至于旋涡星系,都可以看到黄金螺旋或者黄金曲线。为什么自然界会出现黄金螺旋呢?

说穿了,黄金螺旋也就是直线上的黄金分割在圆周上的表现:360°圆周取黄金比例,360°×(1−0.618)≈137.5°,就成了"黄金角"(图4.6A)。在自然界,树枝上各叶片按螺旋形上升,刚好按"黄金角"相隔137.5°排列,免得上面的叶子遮挡阳光雨露,这就构成了相当于斐波那契数列数目的黄金螺旋(图4.6B)。黄金螺旋在植物界十分常见,松果球(图4.6C)或者向日葵花盘的种子排列(图4.6D),都呈现出黄金螺旋。黄金螺旋不光出现在自然界,在工业设计和艺术品中也有广泛应用。

说起黄金分割在工业中的应用,就不能不提到"优选法"。炼钢时要添加某种化学元素提高质量,为了求得最恰当的加入量,需要在1000克到2000克这个区间中进行试验。通常采用对分法,取区间的中点(即1500克)做试验;但如果采用优选法,取区间的0.618处作为试验点,只要做16次试验,就可以取得"对分法"做2500次试验的效果。1970年代初,"文革"期间的中国一般的科学家都已经靠边站,唯独数学家华罗庚带队到23个省市推广"优选法",还出版了小册

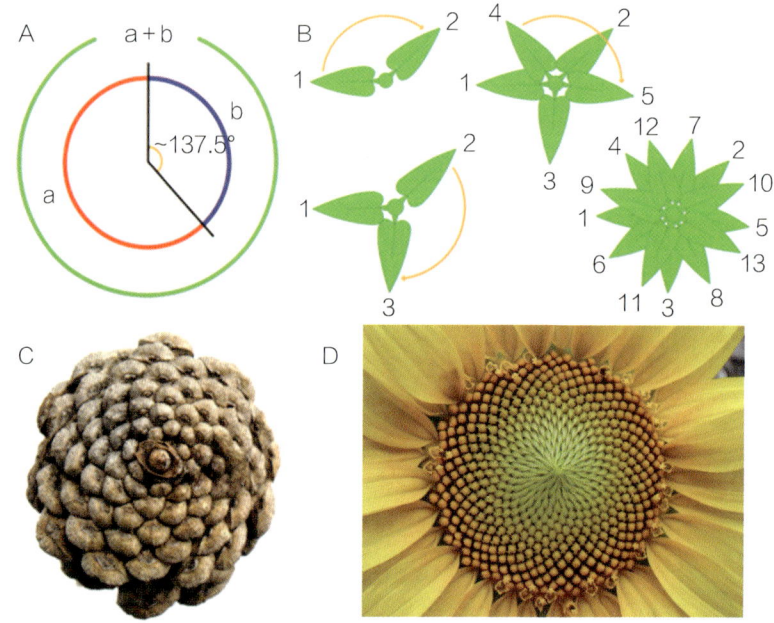

图4.6 黄金角和黄金螺旋。A.黄金角就是圆周的黄金比例;B.叶片增长按黄金角的间隔,呈螺旋排列;C.松果球的黄金螺旋;D.向日葵花盘种子排列的黄金螺旋

子《优选法平话》,介绍的就是0.618的黄金分割法。1978年的全国科学大会上,华罗庚领导推广优选法和统筹法的工作,获得"全国重大科技成果奖"。

分形几何与分形艺术

达·芬奇的《维特鲁威人》和黄金分割的例子告诉我们:几何学是科学和艺术结合的先驱。这种结合并非偶然,而是有着深刻的历史原因。古埃及是地中海地区最早发展的文明古国,而尼罗河每年的泛滥会冲毁土地的标记,要求不断对土地进行重新丈量,于是几何学应运而生,成了最早出现的科学萌芽。几何在古希腊文明中地位很高,柏拉图学园的门口就写着"不懂几何者不得入内"。古希腊数学家欧几里得写的《几何原本》,代表着当时人类对空间关系的认识水平,首次体现了严谨的逻辑推理的科学方法,而中国明朝的徐光启引进西方科学,也正是从翻译这本书着手。不过欧氏几何说的只是平直、简单的空间概念,后来有了微积分,研究对象虽然发展到曲线、曲面这些弯曲的形态,但还是限于光滑的几何体。自然界普遍存在的却是不规则的形态,学术上需要有新的突破,于是1970年代出现了分形几何。

1967年,数学家芒德布罗(Benoit Mandelbrot,1924—2010)在《科学》杂志上发表了一篇文章:问"英国的海岸线有多长?"答案出人意料:要看你用什么尺度量。用千米作测量单位,那么海岸线几米到几十米的曲折都忽略掉了;如果你改用米作为单位,测得的总长度就会增加,不过厘米量级和更加细小的曲折还是不能反映出来。你用的尺度越小,海岸线就越长。假如海岸线是一条规则的曲线,只要用越来越小的尺度量,测到的海岸线长度早晚会达到一个极限,这就是这条光滑海岸线的长度。但真实的海岸线并不光滑,是一条很不规则的曲线,用越来越小的尺度,所测得的海岸线长度将会趋向于无穷大!这个看似荒唐的答案击中了欧氏几何局限性的要害:所谓"长度",量的是直线或者光滑的曲线,可海岸线既不是直线也不光滑,把这种不规则的连续曲线化成许多折线加起来,并不能反映真正的长度,从而对传统几何学提出了挑战。

其实在数学上这不是个新问题。瑞典的科赫(Helge von Koch,1870—1924)在1904年已经发现:把等边三角形每一边都三等分,把中间的一段再做个小的等边三角形,于是就变成了六角形(图4.7A);对6个正三角形再做同样的处理,就会生出18个小三角形(图4.7B),依此类推,就会得到以许多小三角为边的雪花状曲线(图4.7C、D)。这根曲线被形象地称为"科赫雪花",其总

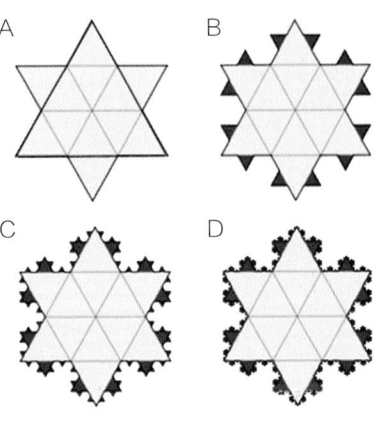

图4.7 典型的分形图形——科赫雪花

长度为无穷大,但面积却是有限的。科赫雪花由不同尺度的等边三角形组成,这就叫作"自相似性"图形。

"自相似性"在几何上十分重要。在绘制一幅图形的过程中,如果下一步产生的图形总是与上一步的图形相似,这种现象就叫作自相似。20世纪初期的数学家利用这种自相似性,做出了像"科赫雪花""谢尔宾斯基地毯""皮亚诺曲线"等各种模型,但当时这些图形都只不过被当作数学游戏看待。实际上这种自相似性在自然界中普遍存在,不光是海岸线和雪花,树枝树根的分枝、河流水系的分叉、闪电放电的径迹,以至于血管神经、肺脏气管,都是有着自相似性的系统。物理学里的布朗运动,研究的是粒子的轨迹,该轨迹由各种尺寸的折线连接而成。研究简单空间关系的欧氏几何处理不了这类复杂现象。观察和知识的积累呼唤着新的科学,促使它从传统几何中破茧而出。这番突破发生在半个世纪前,这就是上面说的芒德布罗,他提出了分形(fractal)的概念,开辟了分形几何的新领域,开创了研究复杂系统的新方向。

芒德布罗生在波兰、工作在法国和美国,是位兼有波、法、美三重国籍的犹太人。他在1975—1982年,出了三个不同版本的书——《自然界中的分形几何》,提出了"分形"的新概念,开创了"分形几何"新学科。新学科是要创立新名词的,芒德布罗根据拉丁谚语"命名就是认识"(nomen est numen)的道理,创立了"分形"这个新名词,来表示这种具有自相似性的复杂形状。自然界中许多事物具有自相似性,放大或缩小几何尺寸,整个结构不会改变,要同时考虑从小到大的许许多多尺度才能深入认识。流体中的湍流从轻烟缭绕到大气涡流,都是十分紊乱的流体运动,都超出了传统几何的范畴,都要走"分形几何"的新途径。当然,上面说的科赫雪花这种"有规分形"只是少数,自然界里绝大部分是统计意义上的"无规分形"。

分形几何出现之后,迅速地应用在数理化、生物、大气、海洋等各种学科之中,甚至进入了音乐、美术界,形成了一种"分形艺术",伴随着计算机技术的发展,如鱼得水地成了一种新时尚。"分形艺术"与普通电脑绘画不同:普通的"计算机绘画"是用计算机作为工具从事美术创作,而"分形艺术"却是纯数学的产物,虽然也是计算机在作图,但是要求创作者有数学功底,有熟练的编程技能。经典的例子就是芒德布罗集合图形(图4.8),其特点在于每个部分都是相似体,具备结构上的自相似性。图案中有的地方像日冕,有的地方像燃烧的火焰,只要你计算的点足够多,不管你把图案放大多少倍,都能显示出更加复杂的局部。这些局部既与整体不同,又有某种相似的地方,具有无穷无尽的细节和自相似性,可以说是人类创造出来的最美图案,也曾被称为"上帝的指纹"。这是芒德布罗1970年代发现的,用他自己的话说:"无边的奇迹源自简单规则的无限重复。"为此,1988年芒德布罗获得了"科学行为艺术大奖"。

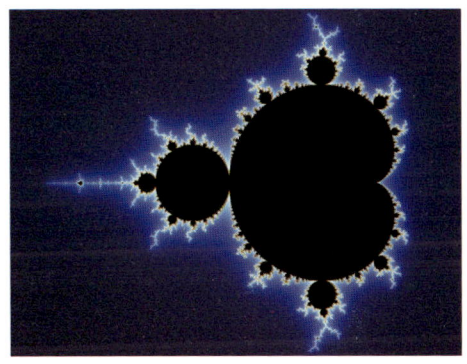

图4.8　计算机绘制的芒德布罗集合图形

分形概念的提出,把数学方程式的抽象形式转化为可见、易懂的艺术图画,被称为分形艺术。分形图形经过无数次相同的操作,使图形具有自相似性。局部和整体的统一,有限和无限的统一,现实与想象的统一,正是分形艺术的神奇之处(图4.9)。有趣的是,分形的产生,既是科学上又是艺术上的革新,雄辩地证明了科学与艺术的同源性。分形理论不仅展示了数学之美,还改变了人们理解复杂自然界的方式。举例来说,电子围绕原子核运动的原子结构,和行星围绕恒星转的太阳系就十分相似,原子也可以看成是一个"微观宇宙"。从这样的角度看,宇宙中的物质基本都符合"分形"的概念,从微小的原子到巨大的天体结构,相互之间都具有自相似性。所以说,分形几何和分形艺术的产生,是人类

图4.9 计算机的美术创作——分形艺术的实例

认识世界的一大进步。

自然与美术

然而无论技术如何发展，天下最好的还是自然美。科学家用心观察自然，在破解奥秘的同时，也会发现其中的美，有的还是科学家独具慧眼才能发现的美。历史上发现自然美的高潮出现在18—19世纪的欧洲与北美，随着自然历史博物馆的建立，出现了以动物、植物为对象的水彩画。博物馆的建设在学术上带来了博物学，在艺术上带来了美术作品，日本人称之为"博物画"。与美术的静物画不同，博物画重视科学性，需要具备博物学、解剖学的知识才能正确进行创作，因此多数是科学家自己或者在科学家指导下完成的作品，是科学和艺术交融的结晶。18—19世纪的博物画精品太多，我们这里只举出一个例子，既介绍作品又介绍画家，这就是德国的海克尔。

海克尔是医生出身的生物学家、哲学家和艺术家，他是坚定的达尔文进化论支持者，也是"生态学""干细胞"等许多基本概念的创立者。18—19世纪的生物学重点在于描述分类,而图件全靠科学家或其助手用手绘画。海克尔研究海洋无脊椎动物,包括化石。他的画可以说是博物画的顶尖之作,里面凝聚着科学家的洞察力和美感。1904年出版的《自然界的艺术形态》(*Kunstformen der Natur*)画册(图4.10),刊载了他自己精选出来的100幅代表作,是海克尔艺术贡献的集中体现,要问评价,只能说是精美绝伦。

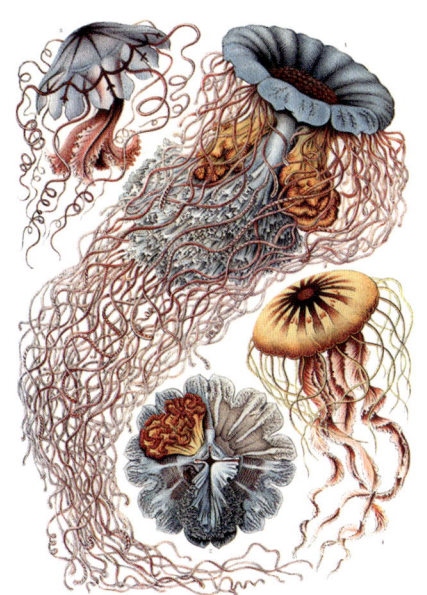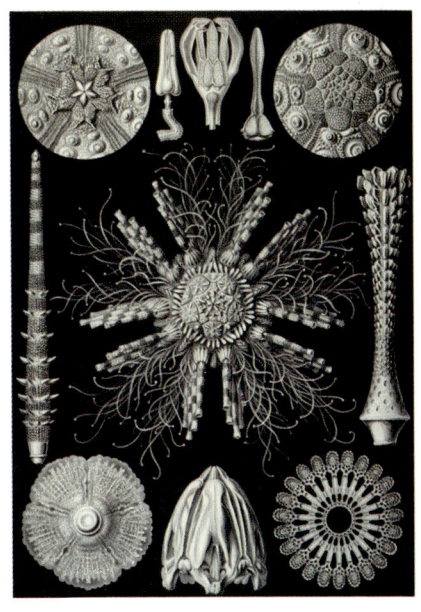

图4.10　海克尔《自然界的艺术形态》中的海洋动物图。左:水母;右:海胆

这本画册里最引人注目的是一幅水母,这是他倾注最多情感、画了多次方才定稿的图。水母的顶部像一朵绽放的葵花,下方是许多蔓藤状的细长触须,在水中随着凝胶状的母体舞动。原来,这水母让海克尔想起自己不幸早逝的妻子安娜·泽特(Anna Sethe),因为这细长的触须很像她浓密的长发。于是海克尔便把她的名字用作水母新种的种名,叫作 *Desmonema annasethe*(图4.10左)。令人惋惜的是,海克尔虽然有艺术家的浪漫,但又沾有作为哲学家的历史污点。他是个社会达尔文主义者,鼓吹优生说,主张德国民族沙文主义。有人认为海克尔曾利用他学术界的权威来宣传政治观点,成了纳粹主义的铺路人。

博物画传到中国，是在清朝时期。康乾年间意大利的郎世宁（Giuseppe Castiglione）来华50年，所作骏马和花卉走兽等宫廷画，就是吸收了国画特色的西洋画。而真正传入博物画的，应该是法国神父韩伯禄（Pierre Marie Heude，1836—1902）。他是位研究贝类的动物学家，1868年在上海建立了中国第一个自然历史博物馆——徐家汇博物院。韩伯禄不仅自己收藏动植物标本、作画，还在土山湾建立画馆，从孤儿院挑选出孩子教他们作博物画，对中国美术的发展颇有贡献。

自然美当然不只是生物才有，18—19世纪画家通过对自然的观察，产生了许多传世的名作。优秀的画作太多，本书作者从个人爱好出发，展示两幅海浪的经典作品：《神奈川冲浪里》和《第九个浪头》（图4.11）。

《神奈川冲浪里》是日本浮世绘画家葛饰北斋（1760—1849）在1830—1831年间发表的作品，画面上翻卷的浪花像庞大的怪物迎面扑来，远处的小船被海浪悬起，和远处的富士山形成对照（图4.11上）。葛饰北斋对现实景物进行扭曲变形的表现手法，作为超前艺术，影响遍及全球。这是日本历史上被引用印制次数最多的一幅浮世绘，已被预定为2024年发行的新版1000元日币的画面，而葛饰北斋本人，还是入选"千禧年影响世界的一百位名人"唯一的日本人。

《第九个浪头》虽然没有那么大的名气，但其作者俄国画家艾瓦佐夫斯基（Иван К. Айвазовский，1817—1900）却是世上最出色的海浪画家。他几乎终生在克里米亚海岸作画，对海水颜色层次变幻的细致观察和深刻理解，渗透在他的画面里。艾瓦佐夫斯基专门画海，在他大约6000幅画作中，画海难的《第九个浪头》获得的评价最高。据古老的海上传说，第九个浪头毁灭性最强，而画面上幸存下来的水手，正在生死搏斗中迎战恶浪（图4.11下）。这类劈波斩浪的主题，在西方艺术中比比皆是，却很少见于中国的传统艺术中。这类不为人注意的微小差异，其实很值得深思，我们从这些蛛丝马迹里，是不是也能看出华夏传统文明的某种弱点？

20世纪以来，随着照相技术的发展，开创了科学照相的新方向，自然美的发

图4.11　海浪画。上:《神奈川冲浪里》;下:《第九个浪头》

现范围也越来越广,从卫星遥感的天然景色到扫描电镜的微型生物,为人类的视觉开拓了前所未有的新境界。特别值得赞扬的是,海洋科学家们潜入水下,拍摄常人无法看见的美景。这里介绍一位荷兰生物学家温克尔(Dos Winkel),他从大约40年前开始拍摄热带海洋生物,尤其是在珊瑚礁区进行水下摄影,有时候采用高度放大的特技,捕获了一般人见不到的奇景。温克尔的水下生物照片集,出版了多种画册和盘片,还在欧洲各国巡回展出(图4.12),与公众共享海洋生物的特写镜头。

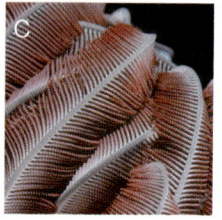

图4.12 温克尔的水下生物照相。A.露天展览会；B.温克尔和他的水下摄影设备；C.海洋生物的结构之美

显微镜下的艺术

上面说的都是宏观的图景，而展现大自然的微观之美更是科学家的专利：因为只有在显微镜底下才能看见。显微镜是16世纪末由荷兰人发明的，詹森（Janssen）父子把两片玻璃凸片叠起来看教堂的高塔，发现上面的大公鸡雕塑比原来大了好几倍。但是实现显微镜应用价值的，却是另一位荷兰人列文虎克（Antonie van Leeuwenhoek，1632—1723)，他是第一位发现微生物的人，用的就是自制的显微镜。虽然他是学徒出身，没有受过什么正规教育，但是喜欢磨透镜，磨好了拿来观察微细世界。他一生磨了将近400片透镜，最大的能放大300倍。

千万不要拿今天的概念去想象17世纪的显微镜。当时的显微镜很小，而且是竖起来横着看的（图4.13A）。就是用这样简单的显微镜，列文虎克在雨水里、在干草的浸泡液里发现了各种各样的微小生物。1673年，他用荷兰文写信给新成立的英国皇家学会，介绍自己的发现。经过验证之后，这封信译成了英文在皇家学会刊物上发表，没有上过大学的列文虎克也当选为皇家学会会员，

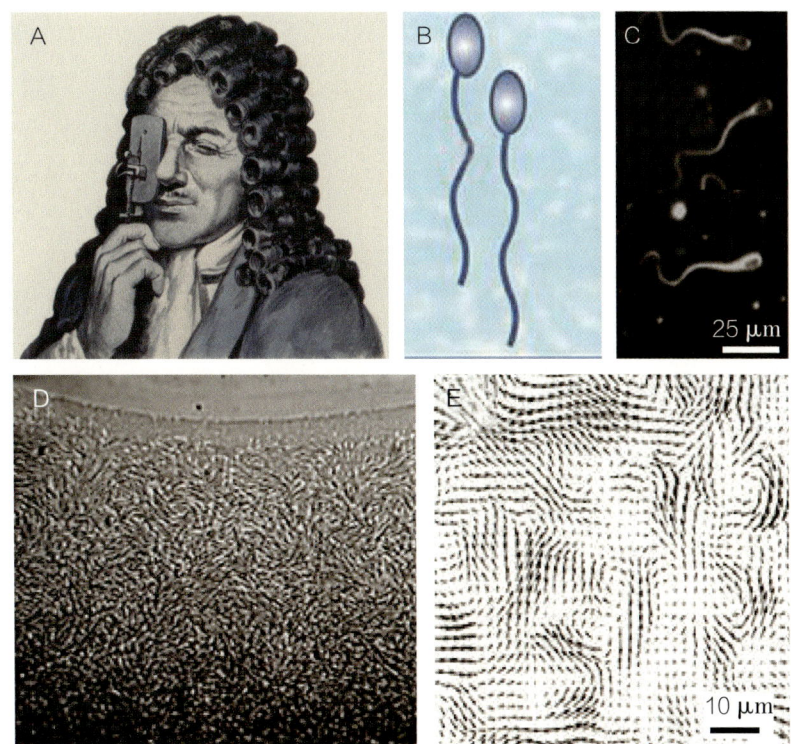

图4.13 微生物之舞。 A.列文虎克和他的显微镜;B、C.带鞭毛的微生物及其镜下观;D.显微镜下密密麻麻的枯草杆菌(*Bacillus subtilis*);E.瞬间镜头表示每个细菌的运动速度和方向

因为他发现了微生物。也就是用这样的显微镜,列文虎克在老人的牙垢里首次发现了细菌。

然而显微镜底下不但有科学,还有艺术——列文虎克还发现了微生物的"舞蹈"。微生物依靠鞭毛的旋转在水里运动(图4.13B、C),密集分布的微生物一起动,可以推动水流,呈现出微生物集体游泳的"舞蹈"场面(图4.13D、E)。1676年,他在给英国皇家学会的信里说:"……就像一桶细小的鳗鱼在成群游动……一滴水里居然有成千个小动物在翻滚游动,应当承认,我的眼睛从未见过这样有趣的景象。"这种微观世界的美景,只有在显微镜下才能发现。

列文虎克描述的微生物"舞蹈"固然有趣,然而从审美角度看,更加精彩的是显微世界里的"静物",首先是古生物学家在显微镜底下看到的微体化石和它

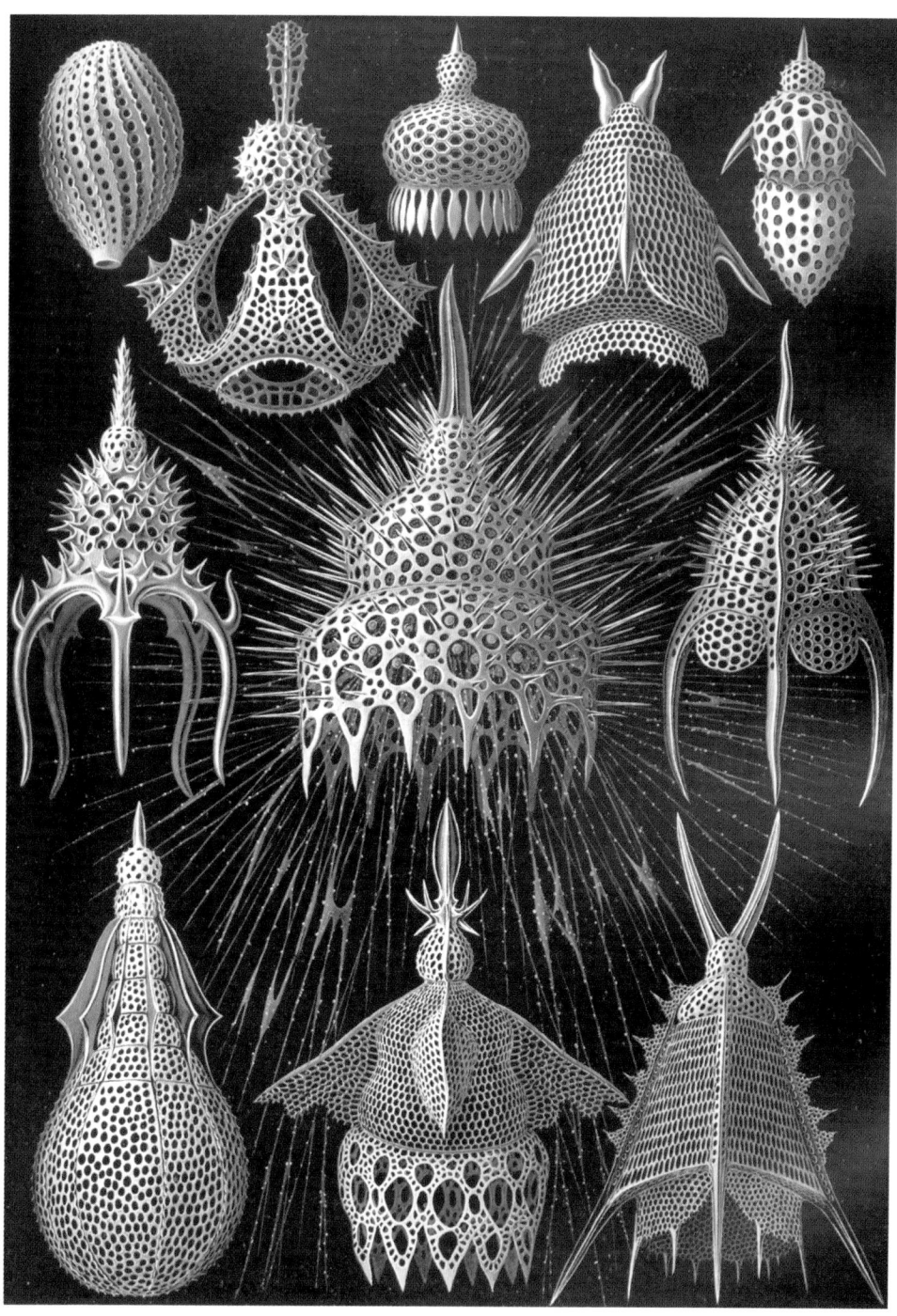

图4.14　海克尔《自然界的艺术形态》中的放射虫骨骼

们现代生命的骨骼。上面说的海克尔,他最爱好的生物有两类:水母和放射虫。在他的《自然界的艺术形态》画册中就有许多放射虫的图画(图4.14)。放射虫是海里的单细胞浮游动物,骨骼是蛋白石($SiO_2 \cdot nH_2O$)质的骨针,常常结成网格状,有时候像象牙雕刻。简直难以想象,一个单细胞生物,哪里来的艺术修养,居然能创作出如此精致的"工艺品"!艺术家受放射虫骨骼的启发,据之制作出美丽的灯具、户外装饰品、贵金属挂件和戒指等首饰(图4.15A、B)。

图4.15 放射虫的艺术。A.受放射虫骨骼启发的户外装饰;B.受放射虫骨骼启发的贵金属挂件

另一类以蛋白石为骨骼的浮游生物是硅藻,这是地质历史上最晚演化产生,因而也是当代地球上最占优势的浮游植物,从海洋到淡水里都有分布。硅藻属于单细胞植物,骨骼像个盒子,由两瓣组成,以海洋硅藻的壳体花样最多。尽管个体细小,但是在显微镜下无论形状还是壳面纹饰都十分优美,常常被科学家拼成艺术作品,图4.16A、B所示的两幅艺术作品,就是英国硅藻制作艺术家肯普(Klaus Kemp)的杰作。比硅藻更小的海洋藻类是颗石藻,也是在现代海洋里分布极其广泛的浮游植物。颗石藻也是一种单细胞植物,特殊之处在于有许多方解石($CaCO_3$)骨骼贴在细胞表面,单片的骨骼叫作颗石,一般才几微米

（10^{-6}米）大，形状通常像个小盘子，却有很复杂的结构。因为太小，往往要用扫描电子显微镜照相，如果加以着色，这照片本身就是艺术品（图4.16C、D）。

图4.16 海洋浮游植物的显微艺术。A、B.用硅藻壳体制作的艺术作品（肯普制）；C、D.颗石藻的扫描电子显微镜着色照片

很多生物门类的造型被用到艺术上，如我国海洋生物学家郑守仪院士长期以来雕刻有孔虫壳体的石膏模型，2007年还在广东中山市三乡镇小琅环公园建立了"有孔虫雕塑园"，将单细胞动物的骨骼制成大型雕塑，从显微镜下搬进了公园草地。

以上说的都是海洋的单细胞生物，但是别以为只有它们才有显微镜下的美，其实陆地生物绝不逊色。就拿飞的昆虫来说，蝶和蛾所属的鳞翅目，翅膀上都有层粉末，抓虫子的时候可能使人感到恶心，可是到了显微镜底下这粉就会摇身一变成为艺术品。蝴蝶和蛾子的"粉"，用电子显微镜放大来看原来是一层层的鳞片，像屋瓦那样层层排列，每个鳞片上面都有细致的纹路（图4.17A）。这些鳞片其实是一层层防身的保护剂，很容易脱落，比如蝴蝶不慎碰上了蜘蛛网，就有可能脱粉挣脱。蝴蝶翅膀的美丽色彩就来自这些鳞片的颜色，而再给电子显微镜下的鳞片加上假色，就会产生艺术价值（图4.17B）。也有科学家在显微镜下将不同颜色的鳞片排列起来，做成显微艺术品（图4.17C）。

图4.17 蝶翅上鳞片的微观美。A.蝴蝶及其翅膀在扫描电子显微镜下放大50倍显示的鳞片，以及单个鳞片放大1000倍和5000倍的景象；B.鳞片上假色的电镜艺术照片[海德（Alex Hyde）制]；C.鳞片艺术：用鳞片组成的花束（肯普制）

爱因斯坦的小提琴

科学家和音乐的关系，要比和美术更加密切。我们不妨从名气最大的爱因斯坦说起。爱因斯坦的照片你不知道见过多少种，写黑板的、抽雪茄的，甚至做鬼脸的都有，可是音乐演奏的照片，你很可能还没怎么见过。其实爱因斯坦拉小提琴的照片多得很，这里选载几幅不同时期的照片，有的是他拉着琴休息，有的是他在演出（图4.18）。他最后用的一把小提琴，是1933年从德国移居美国的时候获赠的，2018年以516 500美元的高价拍卖成交。要说爱因斯坦和小提琴的因缘，确实很深。据说他母亲弹得一手好钢琴，所以爱因斯坦从小就学钢琴，从6岁开始学小提琴。在柏林工作的时候，爱因斯坦买了架大钢琴，1933年逃避纳粹迁往美国时，还把钢琴越洋运去。到他生命的最后几年，爱因斯坦对小提琴的兴趣逐渐冷却下来，转向钢琴。但小提琴还是主要的，不仅拉琴作为休

图4.18　爱因斯坦不同时期拉小提琴的照片

息,还热心参加演出。据说有一次他应邀到一个小镇参加慈善晚会,演奏了莫扎特《第四小提琴协奏曲》,第二天报纸报道说,"小提琴家爱因斯坦的演出演技精湛……据说他在物理学方面也颇有建树",爱因斯坦听说后非常高兴。

然而对爱因斯坦来说,音乐不只是休息,更是科学灵感的源头。他说:"我首先是从直觉发现光学中的运动的,而音乐又是产生这种直觉的推动力。"他妹妹玛雅(Maja Einstein)回忆说:"在演奏中有时他会突然停下,激动地宣布,我找到了它!"这个"它",不是琴弦上的音符,而是物理学科的发现。可以想见,就是在琴声中,这位大科学家脑海中突然有灵感降临。这种不经过逻辑推论的直觉极其宝贵,往往是原始创新的起点,不少科学家都有过类似的经历。

20世纪另一位伟大的物理学家、量子力学的创始人普朗克(Max Planck, 1858—1947),也是位杰出的音乐家,他会演奏钢琴、管风琴和大提琴。他和爱因斯坦不仅是研讨物理基础理论的朋友,也是共同演奏的知音:在柏林工作的时候,爱因斯坦的小提琴和普朗克的钢琴常常一道演奏。可惜那时候没有今天的录音设备,我们后人无缘欣赏这番科学殿堂的天籁之声。追根溯源,他们两人都曾经徘徊在科学和艺术的大门之间。普朗克1874年高中毕业时十分苦恼,在音乐、语言文学和自然科学之间拿不定主意。爱因斯坦也是,但是他发现"如果选择物理,我可以继续拉琴;如果选择提琴,则没有机会再研究物理了"。

我们在前面介绍达·芬奇、海克尔等人,这里又介绍爱因斯坦、普朗克的艺术情结,看起来好像生物学家和绘画关系密切,物理学家和音乐更加接近。的确,物理和音乐的关系有很深的渊源,从伽利略、牛顿以来都有这种传统。伽利略的父亲就是位职业音乐家,父子俩在家里进行声学和音乐-数学关系的实验,对伽利略一生的科学实验有着深刻的影响。而牛顿对光学的研究,更是直接把音乐放进了物理,他是首先提出音乐与色彩通感理论的人。

音乐有颜色吗?人能够听到颜色、看见声音吗?如果回答"是",那就是牛顿的通感(synethesia)理论了。通感理论源自彩虹。直到17世纪早期,说的都是五色彩虹:红、黄、绿、蓝、紫,七色彩虹是牛顿提出来的。他用棱镜对太阳光进行了色散实验,证明太阳光由红、橙、黄、绿、蓝、靛(indigo)、紫七种颜色组成(图4.19B、C),增添了橙色和靛色(图4.19A)。他还做实验把七色光合成白光,从而揭示其成因。牛顿相信,颜色和音乐是相通的,一个通过眼睛、一个通过耳朵,都是通到脑子里。既然音阶是七个,色彩也该是七个,因为七是"上帝的数字",上帝创世就用了七天,所以七天一个星期。牛顿进而探索了"七音"与"七色"之间神秘的对应关系,确定了音阶上的七音和可见光谱中的七色可以对应。关于音乐和色彩的通感理论发表后,有人根据这一理论设计和制造了各种颜色的乐器,那是后话。

图4.19 彩虹七色的来历。A.牛顿按照音乐七阶分出虹彩七色的漫画;B.棱镜分解阳光的七色;C.1708年出现的第一幅七分彩虹颜色图

"通感论"当然有人反对,歌德(Johann W. von Goethe,1749—1832)就是其中之一。歌德不但写《浮士德》和《少年维特之烦恼》,他还是位画家,并且对自然科学极有兴趣,他收集了大量的矿物岩石,热衷于研究植物。他还写过一篇

《色彩论》,极力反对牛顿"色光是白光折射的结果"的理论,其实他根本否定牛顿对于自然"机械化"的理性理解。歌德的观点,反映了当时德国自然哲学流派的主张,这些主张当然经不起历史的大浪淘沙,但是从中可以看出当时文艺和科学的密切关系。

时至今日,科学家与音乐的联系依然极为紧密,而且随着科学的发展与时俱进。比如近年来就有人发现,分形几何中的"自相似性"在音乐曲子里相当常见。另外,我们以上的讨论集中在物理界,实际上其他学科的科学家同样热衷于音乐。就地球科学而言,英国的尼古拉斯·沙克尔顿爵士(Sir Nicholas Shackleton, 1937—2006)就是个极好的例子。他是剑桥大学教授,古海洋学的创始人之一。他研究的是地球的气候变化,在剑桥开设的课程却是音乐物理。他爱好吹黑管,平时不修边幅,家里的客厅乐谱散落满地。据说爱因斯坦从来不穿袜子,此公也是常年一双凉鞋,唯独在演奏黑管和领取大奖的时候,才会穿上皮鞋、系上领带。笔者说这些,绝非有意向青年们推荐这种生活方式,然而科学和艺术的结合,确实可以从他们身上窥见一斑。

寂静的春天

1962年6月16日,美国《纽约客》(The New Yorker)杂志开始连载一本科普读物,叫作《寂静的春天》(图4.20B),此书在9月27日正式出版前已经在全美国引起轰动。现在回头看,这是一本引爆了全世界环境保护运动,从而改变了历史的书。女作者蕾切尔·卡森(Rachel Carson, 1907—1964)是位海洋生物专业的科普作家,她写的《在海风下》《环绕我们的海洋》《海的边缘》等作品,以生动的文笔展示海洋生物的生活和历史,为她赢得了畅销作家的声誉。1950年代,正值"二战"之后的"冷战"时期,美国老板们为了开发经济大量砍伐森林,破坏自然,造成严重污染。其中美国化学工业界开发的DDT等剧毒杀虫剂(图4.20C),被大规模从空中喷洒。年轻人大概还没有见过DDT,因为它在1972年

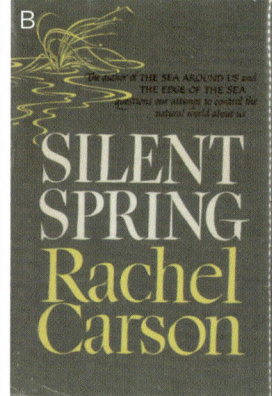

图4.20 《寂静的春天》。A.作者卡森;B.《寂静的春天》初版的封面;C.当时的杀虫农药DDT

已被禁用,但在当时它是全球最为常用的有机氯类杀虫剂,化学式$C_{14}H_9Cl_5$。因为杀虫效果显著,成本极低,不但用于农业,还用它杀灭蚊虫。但正是这类杀虫剂的广泛使用,导致鸟类、鱼类和益虫大量死亡,害虫却因为产生抵抗力而日益猖獗。不仅如此,杀虫剂还会通过食物链进入人体,诱发癌症和胎儿畸形等各种疾病。

然而在1950—1960年代,"环境保护"这个词还很少听说,人们奢谈的是"征服自然"之类的豪言壮语,并没有人出来责问这些破坏自然、伤害人类的行为。正是科学家的良知和责任感,驱使卡森打破沉默,以弱女子之身挺身而出,经过4年的调研和筹备,推出了这本《寂静的春天》。这本书开头以寓言的形式描绘了一个美丽村庄的突变,进而讲解生态网络,说明化学药剂对于大自然的毒害,然后提出严重的警告,因为人类企图控制自然,反而破坏了生态,而且在不知不觉间累积毒物于自身,甚至遗祸子孙。

但是这本书触犯了一些富人的利益,还没有出版就受到了阻挠,出版后更激起了争论。美国大多数化工公司都企图禁止它的出版,有的指责卡森是一个"歇斯底里的女人",有的说"听了她的话我们都要回到中世纪"。当时的美国总统肯尼迪责成总统科学顾问委员会,对书中提到的化学物质进行试验,最后结果在《科学》杂志发表,证明《寂静的春天》立论正确。这本书同时引发了世界各国公众对环境问题的注意,促使环境保护问题提到了各国政府面前,促使联合国于1972年6月5—16日在斯德哥尔摩召开人类环境会议,会议上通过了《人类环境宣言》,开始了环境保护事业。

回顾往昔,我们由衷地向这位女作家深表敬意。有人说,《寂静的春天》引起争论之剧烈,只有当年达尔文的《物种起源》可以相比。卡森终身未婚,而在《寂静的春天》发表之后,她是在身患乳腺癌、靠放疗维持生命、濒临瘫痪和失明的情况下,只身面对权威们的强大压力,向恶势力宣战。《寂静的春天》出版不到两年,她心力交瘁,与世长辞。作为一个学者与作家,卡森所遭受的诋毁和攻击是空前的,但她所坚持的思想,为人类环境保护意识的启蒙点燃了一盏明亮的灯。

写书能像《寂静的春天》这样改变历史,当然极其罕见。绝大多数的书本身并不能使历史改道,但是高质量科普书的影响之大,可以超越你的想象。《万物简史》便是个绝好的例子。这本被《纽约时报》称为"现代科普经典"的著作,译成了近40种文字传遍世界,长久不衰地高居畅销书排行榜前列。

这是布莱森(Bill Bryson,1951—)2003年发表的作品,从宇宙大爆炸说到智力产生,书名直译就是"几乎无所不包的简短历史"(*A Short Story of Nearly Everything*),将地质、天文、古生物、化学和粒子物理熔为一炉,并且不但告诉你科学的结论,还生动描述这些结论是如何得来的,这才能称得上"史"。迄今科学史上5个最伟大的理论:原子模型、元素周期律、宇宙大爆炸、生物进化和板块构造,每一个的来龙去脉,书里全都讲得脉络分明、清晰生动,而且恰到好处地穿插了许多趣闻逸事,使读者犹如身临其境。

令人惊奇的是,这本书是怎么写成的?跨越那么多的专业学科,都能够用讲故事的方式叙述发现过程,犹如一道道炖透的美味,没有牙碜的夹生名词。这就得佩服作者的高明。布莱森不仅消化了这些专业内容,而且亲自拜访了其中不少专业人物,以第一手的身份来讲这些历史故事。布莱森是位怪杰,他没有什么高级的学位,大学念了两年就辍学,背起包去欧洲旅行了,后来就以游记作品成名,被称为"还活着的最有趣的游记作家"。然后他又回到科学,花了几年工夫做调查研究,终于写成了《万物简史》这本不朽之作,连行内的专家也为之折服。英国皇家化学学会授予他2005年度的化学奖,同年,久负盛名的英国杜伦(Durham)大学聘他为第11任校长(Chancellor,或译"校监")。

如果说《万物简史》是作家写科普中了状元,那么《物理世界奇遇记》应该是科学家写科普的冠军作品(图4.21B)。和我们一般的科普书不一样,这本书以一位普通市民汤普金斯先生(Mr. Tompkins)的梦中奇遇作为主线,加上一位教授的几篇演讲穿插其中,全面介绍了现代物理学和宇宙学的主要领域,从相对论、量子论一直讲到原子结构和宇宙大爆炸理论等等。这本书原名是《汤普金斯先生奇遇记》(*Mr. Thompkins in Wonderland*),套用了爱丽丝漫游仙境的路子,以汤普金斯先生听讲时酣睡作为引子(图4.21C),一次次进入古怪的梦境。头一个梦就是个光速极慢的小镇,由于相对论效应,那里的时钟变慢、长度变短,汤普金斯先生看到的人也都变成了扁形的(图4.21D),在那里想要根据同时性来判断凶杀案,也变得不那么简单;又一个梦是个直径很小而简单的宇宙,汤普金斯先生随着这个微型宇宙而迅速膨胀;再一个梦是个快乐的电子部族,从

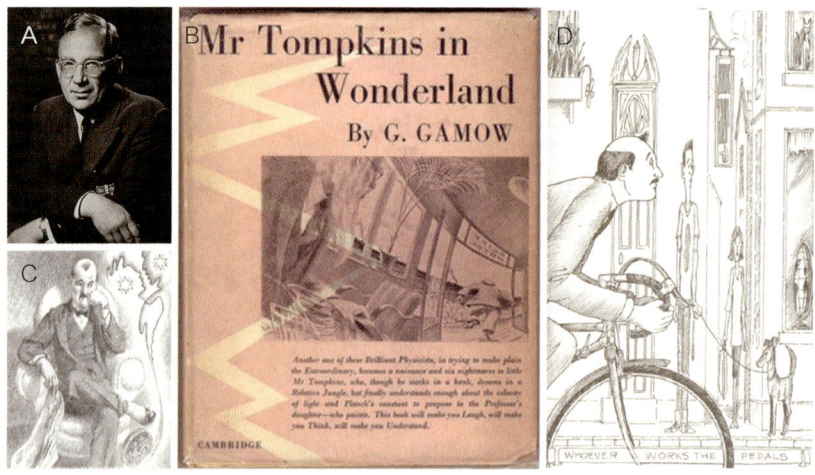

图4.21 伽莫夫名著《物理世界奇遇记》。A.伽莫夫;B.《物理世界奇遇记》的原版;C.书中的主角汤普金斯先生;D.书中的插图:汤普金斯先生发现人都是扁的

一个原子跳跃到另一个原子,却一不留神撞上正电子而同归于尽;另一个梦是个量子的丛林……

只有天才能够写这样的书,这位天才叫伽莫夫(George Gamow,1904—1968)(图4.21A),是一位俄裔美国物理学家,1934年去了美国。他是宇宙大爆炸理论的创始人之一,预言了宇宙微波背景辐射的存在,提出了新的化学元素起源理论,后来都逐一得到证明。也是他,最早提出了生物遗传密码的概念。然而伽莫夫最大的名声,也许还不是来自这些重大的理论发现,而是他的科普作品。他一生正式出版的著作有25本,其中18本是科普书,最为突出的就是《物理世界奇遇记》,不少物理学家正是在学生时代读了这本书而迷上物理学的。应该说,伽莫夫是全球公认的科普界一代宗师。回顾起来,苏联的科普作品曾经对1950年代的中国青年产生过深刻的影响,其中一本是伊林(M. Ильин)的《十万个为什么》。这是一本小册子,而在它的启发下,我国先后组织编著了六版《十万个为什么》,到第六版已经是全套18册的巨著。

科学票友

看球有球迷,看戏有戏迷,科学有没有"科迷"?体育运动、表演艺术都是可以模仿的。你球踢得不好但是喜欢,看球之余不妨回家找个场地踢上几脚;当不了职业球员,说不定能进个校队、厂队什么的。戏曲音乐更是这样,曲终人散之后意犹未尽,尽可以回家自己弹一曲、哼一段,自我欣赏。进一步的组织就是票社,聚合起来作业余演出当"票友",有的名角还就是票友下海成为演员的。但是科学呢?科学有没有票友?

这就要看什么年代了。19世纪以前,科学还不是个职业,只有大学的教师和教会的教士才会去研究科学,此外就只是富人贵族的兴趣爱好了。前一类如达尔文,后一类如哥白尼,都不把科学研究当饭碗,这么看来当年的科学家都可以算是"票友",和现在不一样。这种传统其实到现在都还没有完全消失,至少发现36次超新星爆发的埃文斯(Robert Evans, 1937—)，就是位当代的超级"科学票友"(图4.22右)。

图4.22 观察超新星爆发。左：超新星爆发；右：埃文斯和他的16英寸(约40厘米)天文望远镜

超新星爆发大概是太空里最剧烈的事件了。有的恒星在演化末期会坍缩而爆炸，刹那间释放出上千亿颗太阳的能量(图4.22左)，极其光亮，这就是超新星。但是超新星爆发过于罕见，1000亿颗恒星组成的一个星系里，平均要两三百年才会出现一颗超新星，因此在星空发现超新星的机会太少，这也就给业余天文学家提供了机会。我们要说的埃文斯是位澳大利亚的退休牧师，从1980年起他自己架设了天文望远镜，在工作之余观察夜空。大概由于南半球天文台比较少，加上他自己特殊的技能，埃文斯搜索超新星爆发的效果惊人：1980年以前天文学史上发现的超新星爆发总共不到60次，而埃文斯一个人到2003年就看到了36次，简直是业余天文学家的冠军！现在埃文斯老了，前几年还中过风，好在随着新技术的进步，寻找超新星爆发已经自动化，目测的发现已经不再那么重要。

回顾历史，"玩票"是要有钱的。最符合"票友"条件的，当然是国王。中国历代皇帝里还真不乏艺术人才：唐明皇李隆基不仅击鼓奏乐，还亲自上场演戏，被尊为"梨园祖师";宋徽宗赵佶建"宣和画院",创"瘦金体"书法。他们都是文艺界的业余高手,可惜在本职岗位上都不算成功。至于科学,因为传到中国太晚,退位后的清朝末代皇帝要玩也难。倒是明治维新后的日本天皇对海洋生物情有独钟,还真有个"业余科学家"的样子。

日本的天皇是个象征性元首,没有具体任务,所以具备最充分的条件拿科学研究作为爱好。昭和天皇裕仁(1901—1989)是迄今日本最长寿和在位时期最长的天皇,执政长达63年,他既是名狂热的战犯又是个生物学爱好者。正是在他执政期间,日本发动了侵华战争和太平洋战争,日本投降后他属于甲级战犯,只是在麦克阿瑟的保护下不受审判,以期维持日本的天皇制度。裕仁是明治天皇的孙子,从小就受军国主义的教育,曾经是731细菌部队和细菌战的支持者,所以他对生物学的兴趣也有战争的背景。裕仁的生物学兴趣在于海洋生物,设有私人的海洋研究所,乘船采集海星、海蜇、水螅等海洋动植物标本。从1967年开始,他总共出版了8本关于水螅纲分类的著作。他还是英国皇家科学院的名誉会员。

接替裕仁皇位的明仁天皇(1933—),科学造诣显然在乃父之上。在日本历代天皇里,明仁是很特别的一位:他没有去服军役当军官,还和网球场上结识的平民美智子结婚,又在2019年"生前退位",当了"上皇"。明仁从小对科学感兴趣,并且聚焦到虾虎鱼的分类上。这是一种不过手指头大小的小海鱼,却有2200多种,是鱼类中种数最多的一族。虾虎鱼以底栖海生为主,分类很不容易。明仁从30岁起开始发表虾虎鱼的论文,研究的重点就在分类上。即使从皇位退下之后,明仁的鱼类研究也未停止。2021年,87岁的明仁以第一作者身份在《鱼类学研究》(Ichthyological Research)学报上发表英文论文,报道他发现虾虎鱼的两个新种(图4.23下)。

作为"票友",明仁的科研成果得到了国际学术界的高度评价。1980年,伦敦林奈学会选他当外籍会员,表彰他在分类学上的成就。1992年和2007年,明仁分别在《科学》和《自然》上发表文章,介绍日本近代的科学发展史以及日本和

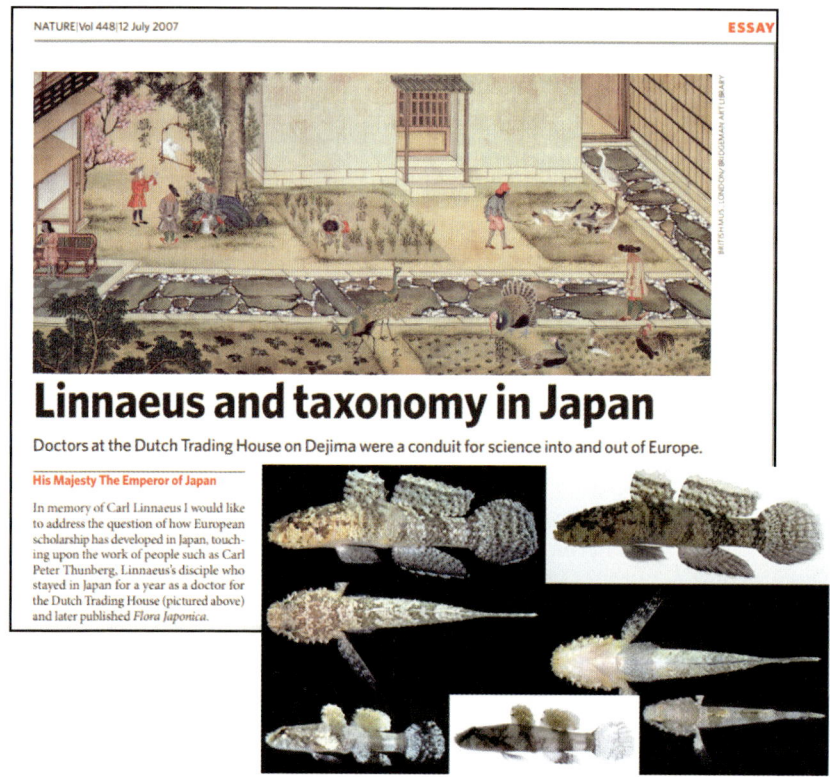

图4.23 日本明仁天皇的科学论文。上：2007年在《自然》杂志发表的文章《林奈与分类学在日本》，插图为200年前日本传播欧洲科学的荷兰商馆；下：2021年发表论文中的虾虎鱼插图

西方的科学交流（图4.23上）。1998年，英国皇家学会授予明仁"查理二世奖章"，这是一种专门为推动科学进步的国家领袖设计的荣誉，明仁成了首个获奖者。2007年，明仁受伦敦林奈学会邀请，在"生物分类学之父"林奈（Carl Linnaeus）诞辰300周年的庆典上作报告。此外，明仁也是唯一访问过中国的日本天皇。1992年中日邦交正常化20周年之际，明仁访问中国，期间还访问了研究鱼类的同行、中科院古脊椎研究所的张弥曼院士。明仁作为"皇帝"对科学的热爱值得我们热烈鼓掌，至于真要评说对海洋科学产生的影响，那可能更要表扬另一位元首，摩纳哥的阿尔贝一世（Albert I, 1848—1922）亲王（图4.24A）。

法国戛纳东边的摩纳哥公国，只有2.1平方千米面积、不到4万人口，世界上比它还小的国家只有梵蒂冈,但是摩纳哥沿着地中海拥有5千米长的海岸线,是欧洲的旅游胜地。有趣的是,百余年前的摩纳哥亲王阿尔贝一世是一位对海洋科学作出巨大贡献的历史人物。他22岁参加西班牙海军,年轻时就参与当时才刚刚开始的海洋考察。掌权后他把赌场获得的大笔收入用于海洋科学研究。1873年,他买下了"燕子号"考察船,对地中海进行为期多年的科学考察。自1885年至第一次世界大战爆发,他同世界许多科学家一起进行了28次远洋考察,搜集了无数海洋动植物的标本。1899—1910年建成摩纳哥海洋博物馆(图4.24B)。阿尔贝一世把一生献给了海洋研究,被誉为海洋科学的创始人(图4.24C)。

图4.24 摩纳哥亲王与海洋。A.阿尔贝一世;B.摩纳哥海洋博物馆;C.以阿尔贝一世航海和海洋生物为主题的摩纳哥邮票

探险家、科学家、大富豪

在科学史上,尤其是在地球科学史上,探险是惊心动魄的壮举,尤其突出的是15—16世纪的"地理大发现"。那时候探险失败的概率很高,即便是成功者损失也很大。比如葡萄牙的达·伽马(Vasco da Gama)首次探索通往印度的航

程,去的时候170多名水手,返回时只剩一半;麦哲伦的环球航行,出发时200多名船员,返回时只剩下18人,他自己也在菲律宾被杀。然而正是这些探险开路,使人类首次认识了今天地球上差不多一半的海洋和陆地,也为欧洲人赢得了世界。不过话又要说回来,为地球科学作出如此重大贡献的主要人物并不是科学家,这些探险家主要是水手、军人,甚至是海盗。一千来年前首先登上和开发格陵兰的著名的"红发埃里克"(Erik the Red),就是维京海盗出身。

真正在历史上称得上探险家的科学家,反而没有那么多,但是他们留下了许多可歌可泣的壮烈故事,前面说过的探索格陵兰冬季气候的魏格纳就是一位。当然,探险并非都是悲剧,也有不少化险为夷、死里逃生的故事。北极探险家、挪威人南森(Fridtjof Nansen,1861—1930)就是一位幸运儿。他27岁时带了5个人,首次成功穿越了格陵兰冰盖;32岁时带了13个人,让船冻结在海冰上探索北极,成功地到达了86°14′N。

南森是动物学家出身,在这些探险成功之后他转向海洋科学,为北冰洋物理海洋学和海洋生物学作出了历史性贡献,晚年更是转向社会活动,是一位成功的政治家。南森探险成功的关键,在于他创新的设计。比如格陵兰东岸荒凉,只有西岸才有人有船,前人穿越冰盖都是从西岸向东走,结果全都半途而废、无功而返;南森反过来从东岸出发,"置之死地而后生",只有到达西岸才有生路,终于穿越成功。再比如说探索北极,他知道极地的海水流向北极,于是设计了一条圆形的船,故意让船冻结在漂流的海冰里,借助海流的力量到达了北极。

至于陆地上的探险,多半是指爬山。登山运动在1786年创立的时候,登的是西欧第一高峰——阿尔卑斯山的勃朗峰(Mont Blanc),海拔4810米。而16年之后登上近6000米"世界最高峰"的,却是一位著名的大科学家,他就是德国的洪堡。

洪堡在中国的名气很大,主要恐怕要归功于以他的名字命名的洪堡奖学金,这是资助国外年轻科学家到德国进行科研的主要渠道。洪堡本人是19世纪世界级的科学伟人,现代地理科学的奠基人。他活了90岁,出了36本著作,至少有300多种植物以他的名字命名,地球上每个大陆都有纪念洪堡的地名,连月球上都有个洪堡海(Mare Humboldtianum)。这是位百科全书式的学者,歌德曾夸奖洪堡说:"同他待上一天,就像多活了好几年,他的知识就像场大雨向你袭来。"洪堡的科学贡献不胜枚举,影响最大的莫过于他的南美之行。他是研究南美洲自然环境的第一人,有"第二位哥伦布"之称。他赢得的最大声誉,也是来自南美洲的5年探险(图4.25、图4.26)。

图4.25　A.洪堡绘制的安第斯山钦博拉索峰的植物分带;B.洪堡绘制的奥里诺科河图

1799年7月,洪堡坐着西班牙护卫舰到南美洲北岸,在现在的委内瑞拉登陆。那时候大片的南美洲都是西班牙的殖民地,并不欢迎别的国家沾手,洪堡

142　科坛趣话

图4.26　旅行中的洪堡(左)

好不容易说服了西班牙国王,同意他进入南美内陆进行考察,条件是考察结果要向国王汇报。从来没有人考察过的南美内陆,既是科学家的向往,也是探险家的考场。洪堡带着各种仪器、标本,坐一条木船沿着奥里诺科河(Orinoco)逆流而上(图4.25B)。这是南美洲的第三大河,航行极为艰难,不但要和蚊群搏斗,还常常会陷入饥荒,只能找到什么就吃什么。经过两个半月、2400千米的路程,终于找到了奥里诺科河的源头。

更为精彩的是1802年6月,洪堡登上了安第斯山将近6000米高的钦博拉索峰(Chimborazo),当时以为是世界的最高峰。那时候登山的条件不好和今天比,这位科学家不靠任何设备,顶着高山反应,就打破了登山纪录,更重要的是还作出了两大科学发现。第一,洪堡带了玻璃气压计上山,这次登峰他发现了高山反应的原因在于气压太低;第二,他在登山途中一路采集植物,发现植被随着海拔增高而改变,从而首次发现了植被的垂向分带,为生物地理学作出一大贡献(图4.25A)。

时到如今,探极登峰都已经成为体育运动,现在最高水平的标志叫作"探险家大满贯"(Explorers Grand Slam),是指探险家要完成的全套挑战,包括登顶七大洲的最高峰和到达南北两极的极点。当然,像这种全球范围的大规模探险计划,不仅要有勇气和力量,还要有物质条件的支持,因此体格强健的中青年富豪是最合适的人选。有一位中年的美国富豪,在2002年就成功拿下了"探险家大满贯",但是他并不满足:上了山还要下海!于是他进一步深潜到世界五大洋的最深处,2019年吉尼斯世界纪录承认他是"不离开地球垂向跨度最大的人",因为他向上攀登到8848米的珠穆朗玛峰,向下潜入了10 925米的马里亚纳海沟,上下跨越19 773米——此君不是别人,正是美国的维斯科沃(Victor Vescovo)(图4.27)。

维斯科沃1966年出生在美国得克萨斯州,同时具有学霸、商人和探险家的三重性格。他在斯坦福大学毕业后又在麻省理工学院拿了硕士,曾经在海军服务多年,后来和同事做私募股权投资发了财。同时他又爱好开飞机、登山,很早

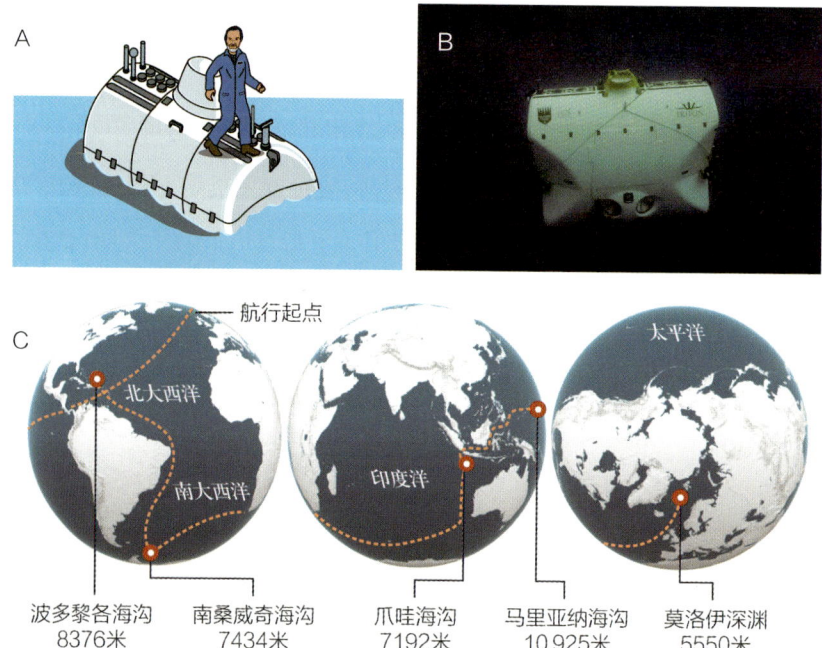

图4.27 富豪探险深渊。A.美国的维斯科沃在各大洋深潜;B.他的深潜器;C."五大深渊"的位置与航线(深度为维斯科沃到达深度)

就拿下了全球第38名"探险家大满贯",富有冒险精神。他说自己3岁时就偷着去开家里的汽车,结果当然出事,在重症监护室待了6个星期,全身缝了100多针。

朋友们称维斯科沃是一位"新生代探险家",为了挑战极限不惜投入大量的人力物力。他50岁后的愿望就是要潜入世界五大洋的最深处(图4.27A),为此打造了一架造价4800万美元、重达12吨的"特里同号"(Triton)36000型深潜器(图4.27B),加上母船和三台着陆器,决心要探索大洋最深处的生物和地质。为此,他邀请海洋生物学家和地质-地球物理学家参加航次,雇用了英国纽卡斯尔大学的一位海洋生物学家当首席科学家,从2018年底到2019年斥资进行了"五大深渊"(Five Deep)深潜航次,先后探索了大西洋的波多黎各海沟(Peurto Rico Trench)、南大洋的南桑威奇海沟(South Sandwich Trench)、印度洋的爪哇海沟(Sunda Trench)、太平洋的马里亚纳海沟(Mariana Trench)和北冰洋的莫洛伊深渊(Molloy Deep)(图4.27C)。这样,维斯科沃通过"五大深渊"航次,下潜到了世界五大洋的最深处,总航程75 000千米,深潜39次。

已经登顶七大洲、深潜五大洋、涉足南北极的维斯科沃,应该满足了吧?不,他的探险还没有结束,下一个目标是航天。"航天旅游"听起来吓人,其实20年前早已实现,第一位"太空游客"是美国企业家蒂托(Dennis Tito,1940—),他在2001年支付了2000万美元,搭乘火箭进入俄罗斯的空间站,实现了他年轻时就怀有的梦想,过上了太空生活,9天后乘坐飞船返回舱降落。他下一步的目标是火星,说是准备花上10亿美元,绕火星飞行一趟。

现在富豪们的兴趣已经从高尔夫球场转向太空。2021年7月20日,亚马逊创始人、当时的世界首富贝索斯(Jeff Bezos,1964—)乘坐飞船进入太空。和他竞争的另一位富豪是英国维珍集团的创始人布兰森(Richard Branson,1950—),他在当月11日乘坐维珍银河公司的太空船,抢先上了天。那么谁是民间太空旅游的第一人?问题在于什么叫"太空"。大气往上越来越稀,哪里开始算太空并不好说,但是大气层和太空的界限,人为地划在距地面100千米的高度。这回布兰森抢先上了天,其实他十多年前就想推进太空旅游,设计的太空船不在于升得多高,而在于成本便宜,所以他11日那天升到86.1千米,已经产生了失重感,确实算是尝到了"太空"的味道。但是要说竞争那就出了问题:因为只有贝索斯20日的飞船才到达了100千米高空,经受了3—4分钟失重才回来。如果100千米高空才叫太空,到了100千米高空才算真的"太空旅游",是不是布兰森的就不能算呢?

后话

希腊神话里有9位缪斯（Muse）女神，分管音乐、舞蹈、戏剧、历史、天文、几何等，在现代英文里缪斯意味着灵感，也是音乐（music）、博物馆（museum）的词根。科学起源于欧洲的海洋文明，而希腊正是海洋文明的摇篮，可见科学和艺术，是在欧洲文化池塘里开放的并蒂莲花。1000多年之后的文艺复兴，在拉斐尔（Raffaèllo Sanzio）的《雅典学园》壁画里，既有柏拉图和亚里士多德在漫步中畅谈哲学，又有欧几里得和毕达哥拉斯在埋头作几何图。很明白：文艺和科学本来就是一家。

但是中国不同。对于中国来说"科学"是个舶来品，而且是随着枪炮从海上来的舶来品。把"赛先生"认真请进中国来只不过一百来年，但是一来就"水土不服"。西方现代科学和中国传统文化之间的"强迫婚姻"，始终缺乏感情，期盼中的创新神童至今没有降生。什么是科学？什么是科学家？怎样培养科学家？应该说，我们至今还没有真的弄懂。

理解科学离不开历史。从源头上看，科学和艺术真不好分：达·芬奇是位画家,但是他至少参与创建了解剖学;分形几何是数学,但是由此产生了分形艺术。如果说生物学家和地学家的艺术爱好往往偏向美术,那么物理学家和数学家可能更容易倾向音乐。换个角度看,科学和艺术既然都是文化,就可以相互成为业余爱好。科学家业余玩艺术,艺术家也可以业余玩科学。加拿大电影导演卡梅隆(James Cameron)出名,不仅因为《阿凡达》等片子,还因为他独自深潜马里亚纳海沟,海洋探索正是他的业余爱好。

不但电影导演,从教堂的牧师到国家的元首,都可以拿科学当作自己的业余爱好,因为科学不仅是有用的,也是好玩的。甚至探险,既可以有科学探险,也可以有"旅游探险"。随着科技的发展,不仅登山,连深潜海底、遨游太空都可以成为"旅游"项目。在文化的大熔炉里,不但科学、艺术,连旅游都可以相互融合。

有所不同的是科学普及,这是科学在文化面前的一种返璞归真。真理本身永远是简单的,然而只有炉火纯青的研究者,才能用简朴而生动的语言解释自己的见解。因此,科普既是为大众,其实也是为科学家自己,是创新文化的必需品。我们在赞扬像伽莫夫那样的科学家和布莱森那样的作家的时候,还要为汉语的科普精品大声疾呼,当前的中国太需要具备"两栖"能力的科学家和作家,在当代科学和传统文化之间架设桥梁。

扫一扫,看视频

第五章
科学家和视野

一部科学史，就是人类拓宽视野的历史。科学家们不断发现"意料之外"的现象，通过研究得到"情理之中"的解释，这就是科学的进步。 在科学各个领域中，常有一些匪夷所思的发现，其趣味性远远超过有些文艺作品，既有鉴赏价值、消闲功能，又能拓展意境、启发思维。本书在最后两章选载了一些有趣的科学发现，来帮助我们开阔思路。先说空间，后说时间。现在先从视野和视角讲起，然后从地上的动植物一直讲到地下深处，从中能够看出人类视觉的长处和短板。

"不可能三角形"

1960年,荷兰版画大师埃舍尔(Maurits C. Escher,1898—1972)绘制了一幅名为《登阶与下行》的版画(图5.1A),画中楼堡上的士兵外圈向上、里圈向下,不停顿地列队行进,永无止境(图5.1B)。埃舍尔是位科学迷,根据科学图像创作过许多有科学思维的艺术作品。当时他绘制了一系列表现"不可能结构"的作品,最为著名的画作之一就是这个循环无尽的阶梯,后人称之为"埃舍尔楼梯"。启发他创作的是英国的彭罗斯父子在上一年发表的《无尽阶梯》(图5.1C):一种

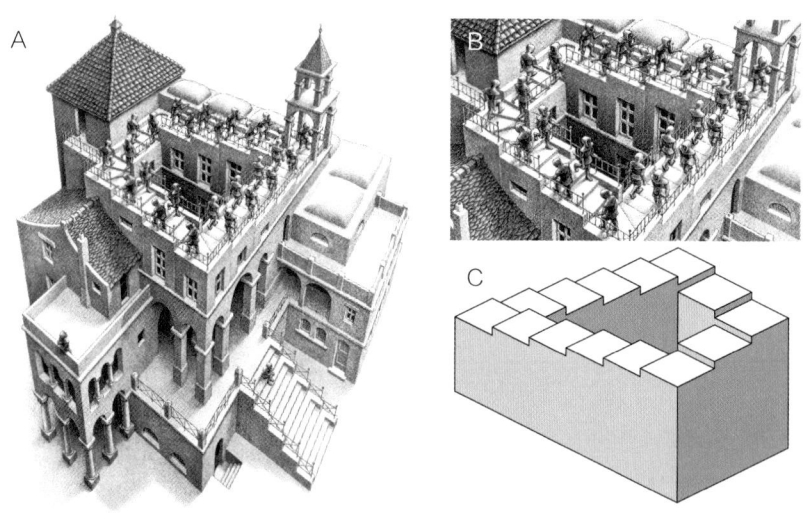

图5.1 埃舍尔1960年的版画《登阶与下行》。A.全画;B.局部放大——行进中的两队士兵;C.思路源头:彭罗斯台阶

无尽循环的台阶,你可以在上面没完没了地向上或者向下走,就像"鬼打墙"一样。

说到彭罗斯父子,那都是有科学与艺术双向建树的大学问家。两位都是英国皇家学会会员,父亲莱昂内尔·彭罗斯(Lionel Penrose,1898—1972)是遗传学家、数学家,儿子罗杰·彭罗斯(Roger Penrose,1931—)更牛,是位天体物理学家,和霍金(Stephen Hawking)合作研究黑洞,2020年得过诺贝尔物理学奖。1958年,父子合作在《英国心理学杂志》上发表文章《不可能物体——视错觉的特殊类型》,指出两维的图像可以造成三维的错觉,从而提出了"不可能三角形",而"无尽阶梯"是其表达的另一种形式。

这种"不可能三角形"后来被称作彭罗斯三角,它是由三个长方体组合成的三角形,奇妙之处是每两个长方体之间的夹角都是直角(图5.2A)。这在三维的

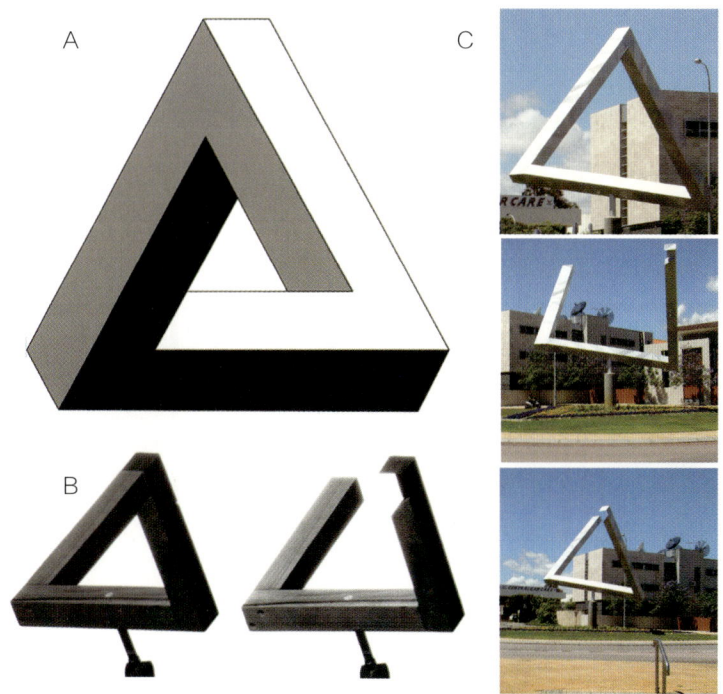

图5.2 彭罗斯三角。A.1958年彭罗斯发表不可能三角形的原图;B.实体制作的彭罗斯三角;C.澳大利亚珀斯的"不可能三角形"市标

现实世界里没有可能,而纸上的两维世界里只要你画得好,就会让人产生三维的错觉,不过一旦真的做成模型就原形毕露:只有从一个角度看,才会像三角形(图5.2B)。

在澳大利亚的西岸,作为珀斯城(Perth)市标的雕塑就是这个"不可能三角形"。这是著名艺术家和建筑师合作的雕塑,13.5米高的铝合金制品,阳光之下格外壮观,但只要离开唯一的观看角度,就很难感受其艺术性(图5.2C)。而这也许正是1997年珀斯城招标的目的:市标要出人意料。

受这种意向的驱动,国际艺术界各种类型的"鬼才"还真不少,几十年来基于视觉系统错误判断的美术作品十分走红,统称为"不可能图形",有的被采用在电影里,产生了巨大的社会影响。若论"不可能图形"的源头,那头功应当归于瑞典艺术家雷乌特斯瓦德(Oscar Reutersvärd,1915—2002),其实是他最先产生"不可能三角形"的想法。这类作品看来好像"邪乎",实际上正是科学和艺术交汇、产生社会效果的成功领域。1981年国际数学大会在因斯布鲁克(Innsbruck)举行,奥地利发行纪念邮票的图案就是个不可能多面体(图5.3A)。1982年瑞典发行了三枚一套的邮票,表彰"不可能图形之父"雷乌特斯瓦德的贡献(图5.3B)。

图5.3　不可能图形的邮票。A.奥地利1981年纪念国际数学大会的邮票;B.瑞典1982年表彰"不可能图形之父"雷乌特斯瓦德的邮票

这么看来,"眼见为实"的老话不见得靠谱:人的视觉很容易上当。这也没有什么好奇怪的,所谓"魔术"不就是欺骗你的视觉吗?本事大的,居然可以在

众目睽睽下,把纽约九十来米高的自由女神像给弄"消失"了,还说什么"眼见为实"呢!至于"不可能三角形",关键就在于视角,视角不当就有可能产生不正确的感知,而这恰恰就是科学家的忌讳,虽然这种忌讳并不限于科学研究。

很重要的是人的主观倾向。人在直觉客观世界中,总是有选择地把自己关心的少数事物当成知觉的对象,把其他事物当成知觉的背景。1892年,德国一份幽默杂志发表了一幅图(图5.4A),问你这是鸭子头还是兔子头。确实,不同的读者会得出不同的结论,因为两者都像。可能受这幅"鸭兔错觉"图的启发,这一类的画后来越来越多,同样一幅画,你可以看见一个花盆或者两个人的侧脸(图5.4B),可以看见老人的头像或者行进中的骑士(图5.4C),这就是所谓的"双歧图"。其实同一事物可以产生不同认识的,远不止于双歧图。

图5.4 双歧图。A.是鸭头还是兔头;B.是花盆还是人的侧脸;C.是老人还是骑士

1000多年前苏东坡来到庐山,看着绵绵山峦不禁叹道:"横看成岭侧成峰,远近高低各不同。"这就是视角差异。他面对的是单斜山体,从正面横看,是一排排相互连续的延绵山岭;从侧面斜看,是一座座已被切割的独立山峰,不同角

度有不同的山景。反差更大的是云层:从飞机上俯视,只见阳光下白云灿烂,风光大好;从地面上仰视,却是乌云遮天,白日里一片黑暗。有人延伸到社会现象,说考察干部为什么有时候领导和群众的意见不一,有可能就是不同视角产生的不同效应。不单是视角,视域的差别更加容易产生认识的不同。

视域和方向

视域决定认知的尺度,也决定处世的胸怀。庄子说:"井蛙不可以语于海。"就是说"井"与"海"两种视域的不同。古人在黄河流域活动,泰山就是顶峰,所以孔子"登泰山而小天下",杜甫到了1000多年后还是望着泰山说:"会当凌绝顶,一览众山小。"高瞻才能远瞩,由视域推广到胸怀,治学为人都需要开阔而避免蠡测管窥。江南老话"铜钱眼里翻跟斗,螺蛳壳里做道场",嘲笑的就是气度狭小、鼠目寸光的人。

说到鼠目寸光,这话还真有点道理。正因为小鼠广泛用于做实验,但又属于近视眼动物,近年来学术界正式提出疑问,用小鼠来研究视觉过程是否恰当。动物的视域是与个体大小相关的:个头大的动物站得高看得远,眼睛离地面的高度增加,视野也就变大。一位身高1.7米的人,带着20厘米高的小狗到了野地里,人眼看见的是一片景色(图5.5A),而小狗只看见枯草的底部(图5.5B)。

图5.5 身高和视野。A.身高1.7米的人看到的景象;B.身高0.2米的小狗看到的景象

而且视距又和眼睛的大小相关。有人做过试验,动物在水里的视距只有4米,眼睛再大也没有用;而在空气里5毫米大小的眼睛可以看到200多米,20毫米的眼睛就能看到700多米。

与身边的动物相比,人的视力很不相同。哺乳类都有两只眼睛,但是长的位置不同。大体上讲,食肉类的眼睛长在脸盘的正前方,食草类的眼睛长在头颅的左右侧。所以猫狗和我们一样,眼睛长在前方,而马的眼睛长在侧面,因此视域就不相同。猫前置的双眼重叠区有140°,可以根据两眼的夹角判断距离,有利于捕食(图5.6B);而马的双眼长在两侧,可以增大视角,虽然双眼重叠区小,却只在尾部留下很窄的盲区,有利于发现敌人、及时逃脱(图5.6A)。这道理在鸟类也是一样。猛禽如鹰类的双眼长在前方,而鸽子的眼睛就长在两侧。再说颜色的辨别力。鸟类辨别颜色的能力强,而哺乳类基本上都是色盲。人类有幸,能够接受从紫到红各种颜色的波段,而猫、狗就只能辨别从蓝到黄的颜色(图5.6C),因此眼睛就看不到红颜色(图5.6E)。

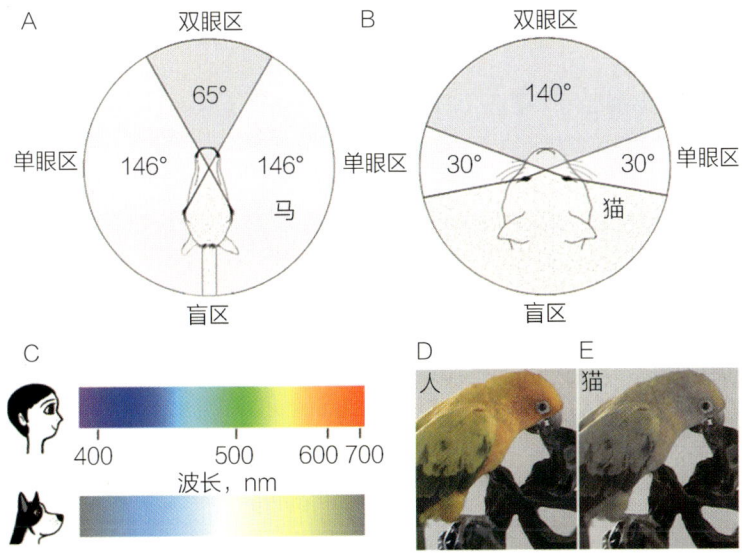

图5.6 哺乳类视域和视觉的差异。A、B.马和猫的视区差异;C.人和狗辨别颜色能力的差异;D、E.同一只鹦鹉在人类(D)和狗、猫(E)眼中的色彩差异

更为重要的是,人类借助于技术,拓展了视野、提升了视觉。17世纪荷兰人发明显微镜和望远镜,而现在发展的扫描透射电子显微术,已经能够让单个原子成像,将人类的视觉分辨率提高了千万倍。望远镜的直径也从400年前伽利略的4厘米,发展到今天"中国天眼"的500米,这架世界最大的单天线射电望远镜,面积相当于30个足球场,巨大的接收面积提供了超高级别的灵敏度,至今已经发现了660多颗新脉冲星。

随着科学的发展和视野的拓宽,需要用更大规模的设备,进行更大尺度的实验。1919年5月29日日全食,天文观测证实光线在太阳附近发生弯曲,可见重力场确实是天体附近空间的弯曲,从而证明了爱因斯坦的广义相对论。近年来的"事件视界望远镜"(Event Horizon Telescope,EHT),借助分布在世界多地的8个射电望远镜,联合观测星系中心的超大质量黑洞,对广义相对论的黑洞假说进行检验。对于相对论这样的重大科学假说,需要进行太阳系、银河系规模的实验观测。同样,为了观测来自宇宙的中微子,欧洲各国在地中海2400米的深水中设置了"中微子望远镜"观测系统,美国为首在南极冰盖下2800米的深处建立了"冰立方"观测站。为了在陆地底下检测暗物质,我国在四川雅砻江水电站边上的锦屏山下,建造了世界上最深的地下实验室,上覆山体的岩石厚达2400米。

已经说过,科学发展就是人类不断拓宽视野的过程。17世纪人们用新发明的望远镜观察行星,提出了"日心说",导致了"哥白尼革命";用新发明的显微镜,看到了细胞,看到了微生物。20世纪中期,航天技术将人类送入太空,第一次看到地球的全貌,开始将地球看作一个整体,发现地球是个"牵一发而动全身"的完整系统。和17世纪发明"显微镜"相反,这次用的遥测遥感技术是一种"显宏镜"(macroscope),通过观测对象的缩小才看到了地球整体。17世纪用望远镜从地球向外看太阳系,现在相反,用遥感技术从太空向内看地球,带来的科学进步被德国的谢伦胡伯(Hans J. Schullnhuber)喻为"第二次哥白尼革命"(图5.7)。视角的变换,推动了科学的进步。

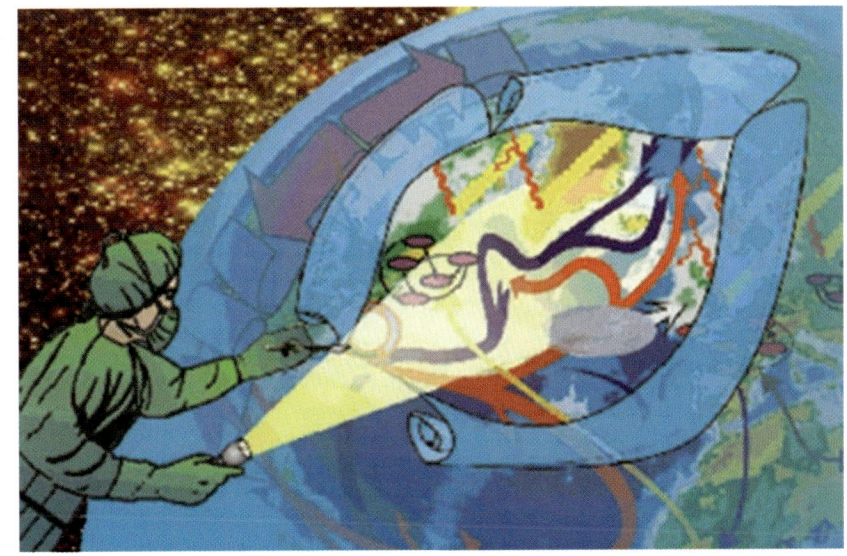

图5.7 科学的两次"哥白尼革命"。A.第一次:冲破地球限制观测太空,导致16世纪的哥白尼革命(据说是15世纪的木刻);B.第二次:借助科学的"显宏镜"照亮整个地球系统,相当于第二次哥白尼革命

随着视角改变,也带出了方向问题。自然界有不少事物有明确的方向性,不容许搞错。地球由西向东自转,所以北半球的气旋逆时针方向旋转,南半球的气旋顺时针方向旋转。拿来一个螺壳,把壳顶朝上、壳口朝自己,那壳口就会落在你的右边,这就叫作右旋的螺,从顶往下看螺壳是顺时针方向旋转的。反方向的左旋螺壳不是没有,但相当罕见。同样的道理,有机化学里的分子结构也会有不同的旋向,比如组成地球生命体的几乎都是左旋氨基酸,而没有右旋氨基酸。

不仅自然界,人类社会里也有方向性。比如左右手的使用,90%的人都用右手写字、右手吃饭,左撇子只是少数。为什么大家都用右手?有人说因为左脑比右脑发达,有人说是习惯造成。不管怎么说,千万不要小看左撇子。从牛顿到爱因斯坦,从达·芬奇到卓别林,或者从拿破仑到丘吉尔,他们都是左撇子。美国的左撇子们发起将每年的8月13日定为左撇子日,来保护左撇子们的权益。

再比如说地理方向。我们的地图习惯于北上南下,其实不见得有什么道理,无非仗着北半球人多,尤其是编图的人来自北半球,才把南半球压在下面,南极洲就像是地球的屁股。实际上古人的地图并不统一,北上南下、南上北下的都有。1973年长沙马王堆汉墓发现了帛书古地图,画的是湖南两广一带,这幅2000年前的古地图就是南上北下、左东右西的(图5.8A、B)。现在有些南半球的地图作家,也对流行的画法不满,制作了各种版本的"倒转地图",南上北下(图5.8C),让南半球读者扬眉吐气,也为观光客提供了纪念品,不过至今也没有看见在国际流行。

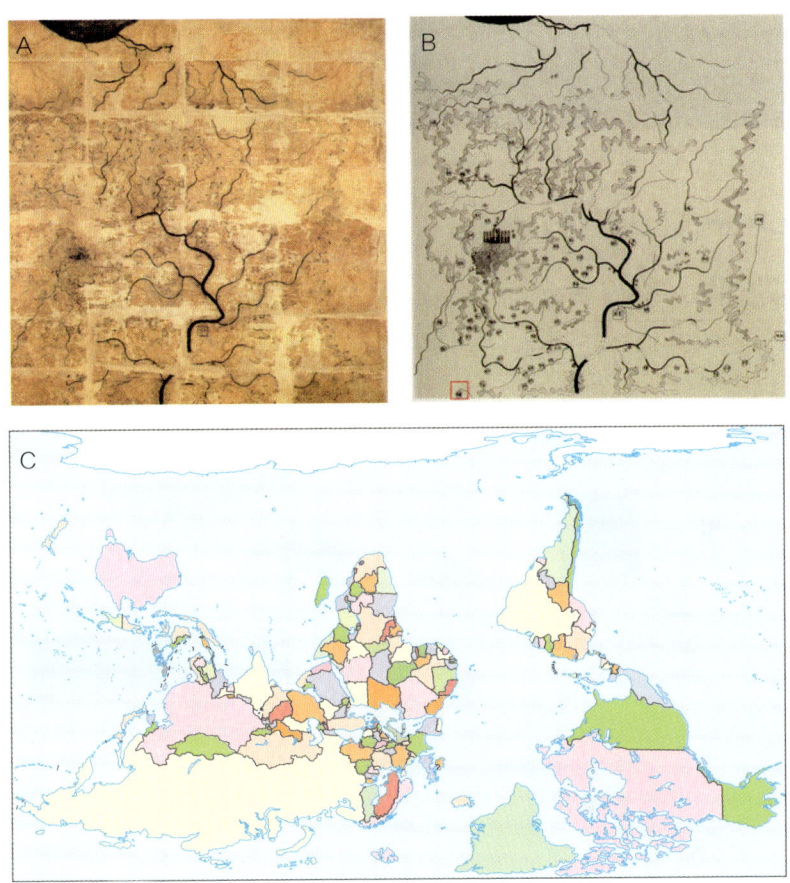

图5.8 南上北下的地图。A.长沙马王堆西汉帛书古地图;B.帛书古地图的解读,上方的黑色表示南海;C.现代出版的倒转世界地图

热带独木林和恐龙高血压

  上面举的种种例子,都是想说明视角和视域对认识事物的重要性。其实人类的视角、视域都有局限性,并不是用来看所有东西全都合适。就拿生物来说,我们看屋顶上的小鸟,就显得自己太矮;看地上的蚂蚁,又显得太高。生物体的大小极为悬殊,如果承认没有细胞结构的病毒也叫生物,那么生物体大小从几

十纳米的病毒到上百米的大树,可以跨越9个数量级(图5.9A)。

生物个体大小的多样性,来自生物对各自生活方式和生态环境的适应。地质历史上的生命演化过程五花八门,生物的大小变化千差万别,从小变大、从大变小的都有。但如果宏观考察地质历史上的生命演化,不难发现生物体有随着时间增大的整体趋势,不过增大的过程却极不均匀。地球上生命产生已经35亿年,开头的20多亿年里始终停留在毫米和厘米等级,而显生宙以来只有5.4亿年的时间,就产生出30多米长的蓝鲸和高逾100米的巨杉(图5.9C)。个体大跃进的奥秘在于光合作用效率的提高,抬升了生命代谢作用的强度,更关键的

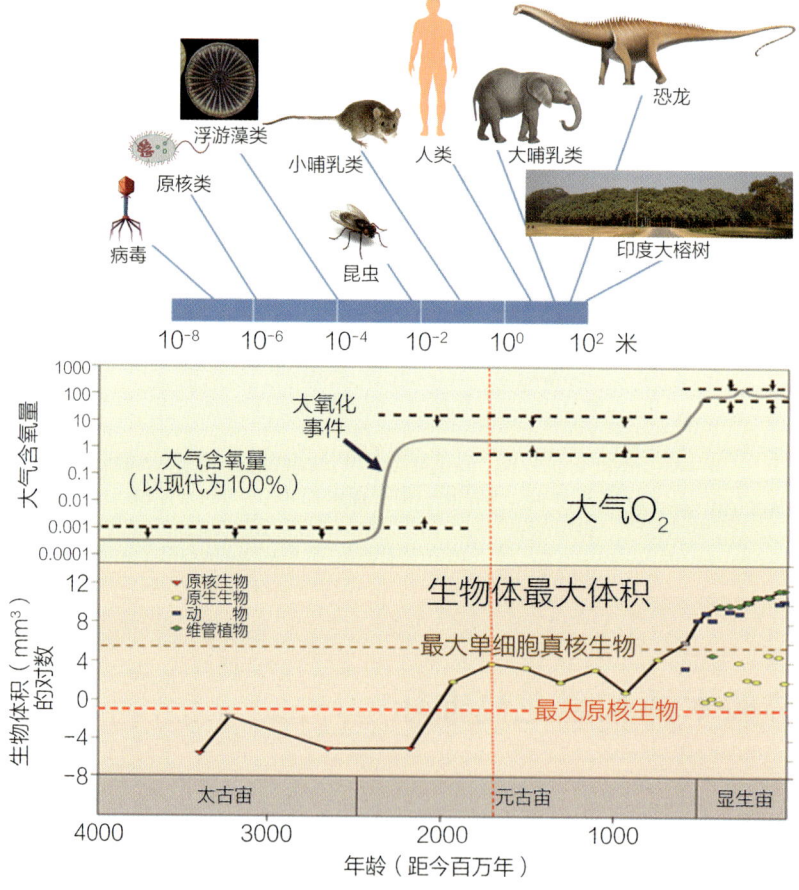

图5.9 A.生物世界的个体大小相差9个数量级;B.大气含氧量的增加;C.生物体最大体积的增加(对数坐标,病毒未予计入)

是促进了氧化大气的形成,极大地改进了地球的宜居性(图5.9B)。

当今世界上最大的生物,当然是大树。吉尼斯纪录里世界最高的树是澳大利亚的杏仁桉,也叫花楸(*Eucalyptus regnans*),高达156米,相当于50层楼的高度;其次是美国加利福尼亚的巨杉(*Sequoiadendron giganteum*),有"世界爷"之称,可达110米高,而且树干粗大,胸径可达10米,对于人类来说这类大树实在太高。俗话说"大树底下好乘凉",但是这类大树高高在上的树冠,给不了我们阴凉;树上的鸟叫,树下的人听到的只像蚊子叫。大树在热带雨林十分常见,比如西双版纳的望天树五六十米高,地面上抬头只能看到树干的底部,所以建造了一条36米高的树冠走廊凌空蜿蜒数百米,让游客在空中观光。

假如要比大树的体量而不是高度,那么最为壮观的热带大树,应当是印度加尔各答植物园里的一棵大榕树,光这一棵树的面积就有19 000平方米,相当于近三个足球场大。植物园在树的周围开辟了一条330米长的路,看起来明明是一片树林,真所谓独木成林(图5.10A)。榕树的特点之一是从树上朝下长气根,长到地上就像树干一样。这棵250年树龄的老树几经风暴,主干早已处理掉,现在就是由将近3000根气根在支撑着(图5.10B、C)。换句话说,这是一片没有树干的"倒挂"树林,依靠从树枝上倒悬的气根托举着这片巨大的树冠。作为当今世界的头号大树,印度大榕树毫无悬念地进入了吉尼斯纪录,同时还告诉我们:生物长得太大,就会挑战我们的常识。植物如此,动物又何尝不是如此!

谁是当代最大的动物? 当然是鲸。大洋里的蓝鲸体长可以有33米,体重可以有180吨,相当于30头非洲象。蓝鲸个头虽大,却是靠吃细小的磷虾为生,连同海水一同吞食,一次就吞200万条,一天总得吞食好几吨磷虾才能果腹。当然,动物不好跟植物比,再大的鲸吊起来也只能够到望天树的腰,在一棵加尔各答大榕树的面积里,就能放得下几十条蓝鲸。

蓝鲸是海里的动物,再重也有海水托举着,但是陆地上的动物就不一样了,体重太大当然会产生问题。历史上最大的陆生动物是恐龙,而其中四脚行走、吃植物的蜥脚类,有着很长的脖子和尾巴,更是恐龙中的巨兽。只是通常发现的恐龙化石都不完整,因此真实的个体大小并不好说,取决于科学家如何拼接骨骼。现在看来最大的恐龙大概是将近一亿年前的阿根廷龙,可以有接近40米长、上百吨重,比现在最大的蓝鲸还要长。试想如此的庞然大物在地面行走,好比机场里滑行的大型客机,变成了巨兽向你缓缓走来。人们不禁要问:靠什么样的内脏,才能维持它的运动?

惊人的是恐龙的头脑。1.55亿年前的剑龙长7米,重5—10吨,但是大象般的身躯上只有一个小得可怜的脑袋,大脑只有一个核桃般大小,脑容量不如小狗。19世纪的古生物学家就发现剑龙臀部的脊髓里有个比脑子大20倍的空

腔,于是提出了假设:剑龙可能有两个脑子,臀部的后脑用来调控后腿和尾巴的行动,因为剑龙的后腿比前腿发达得多,尾巴上还有可以御敌的四根尖刺。"两个脑子"的猜想十分新奇,一时间炒作得沸沸扬扬,可是后来发现:鸟类的臀部也有类似的空腔,有人认为那是装糖原体用的,并不是装脑子的地方。

其实陆地生物,无论动物还是植物,都要面对地球引力的挑战。陆地的维管植物要把水分从土壤输送到叶子里,温血动物要把血液从心脏输进头部,都需要顶得住地球引力的阻挡。笼统说来,维管植物的输水依靠叶面蒸腾作用的吸力和维管的毛细作用,但是对澳大利亚的杏仁桉来说,要把水从根部吸引到

图5.10 "独木成林"——印度加尔各答植物园里世界第一的大榕树。A.从外面看,一株大榕树就像一座树林;B、C.从里面看,大榕树有3000根支柱支撑,但这都不是树干,是气根

50层楼的高度,单靠这些作用远远不够,幸亏还有细胞液的渗透作用,凭借细胞液和土壤水的浓度差,才能举起百余米高的水柱,为叶片供应水分。

但是动物输送血液的难度更大。将心比心,人类自己的脑子和心脏高度差只不过几十厘米,还常常为高血压、脑溢血苦恼,何况几十吨重、几十米长的大恐龙。尤其令人困惑的应该是蜥脚类恐龙的心血管系统,关键在于它们的脖子。我国2006年在新疆发现了一串马门溪龙的颈椎化石,专家们估计这条恐龙得有35米长,光是脖子就有15米。假如把头抬起来,那要有多高的血压才能把血液从心脏送到头部?如果借鉴现生动物,脖子最长的无疑是长颈鹿,身高5—6米,体重0.7吨左右,脑在心脏上方的2.5—3米。因此长颈鹿有颗11千克重的心脏,大约是人类的30倍,血压高达300/180 mmHg(1 mmHg=0.133 kPa),全靠有一整套配备单向阀的血管网,方才不怕高血压。

然而蜥脚类恐龙的身体、脖子的长度都比长颈鹿高出一个量级。半个世纪前古生物学家就发现:柏林博物馆的腕龙如果抬起头来,把血送到心脏之上6.5米,需要有500 mmHg的高血压,而和鲸一样大小的恐龙,心脏要有1.6吨重,相当于现代鲸心脏的8倍,而鲸的心脏已经有一辆小汽车那么大。恐龙真的有如此大得不可思议的心脏和血压吗?

这时候峰回路转,科学界又有了新的发现:蜥脚类恐龙的颅后骨里,发现了有鸟类那样的气腔。飞行的鸟类不但身体里有气囊,在骨头里也有气腔,那样就可以减轻体重。蜥脚类恐龙依靠着中轴骨的气腔和胸、腹部的气囊,身体密度可以减少到水密度的80%。因此产生了新的假说:巨大的蜥脚类恐龙,会不会是在水里行走的动物?如果是在水里,体内体外都是液体,高血压的问题自然也就解决了。再说不同种类的蜥脚类恐龙身高不一,但是腿的长度都相似,适于在5米左右深的水里行走;何况恐龙的脚印常见,唯独不见其长尾巴拖行的痕迹,如果是浮在水里(图5.11),这些问题岂不都迎刃而解了吗?

恐龙水生,并不限于蜥脚类。吃鱼的棘龙据推测也是水生,最近的骨密度分析又进一步为棘龙游泳提供了确证。需要说明的是恐龙盛行的时期,地球上

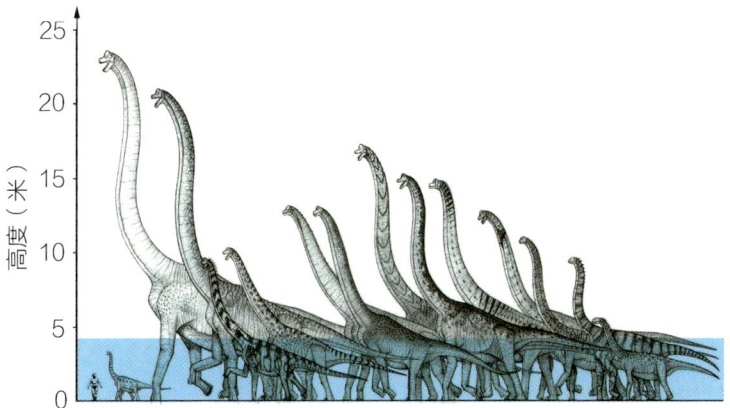

图 5.11 恐龙蹚水示意图。蜥脚类恐龙个体重量不同,但腿的长度却十分相似,反映出在水中行走的适应,如果是在陆上行走,腿可以发育得更长

没有今天那样的大冰盖,由此推想陆地上的积水要比现在多得多。恐龙庞大而笨重的身躯,配上肌肉发达的大尾巴,游走时就能借助尾部掌舵、前行,可能正好是对当时环境的一种适应。

蜻蜓跨海和白蚁建塔

说了许多最大的动物、最大的植物,可千万不要小看比我们个头小6—7个量级的微生物。要知道:地球生态系统的基础是肉眼看不到的微生物,上面讨论的恐龙、鲸、人类,都属于地球生态系统的上层建筑。可惜对微生物的研究是从病菌开始的,于是微生物落下了对人类有害的恶名,这桩冤案到近几十年方才平反:微生物在地球表面无所不在,有的本身就能进行光合作用,危害人类的只是其中的一小部分。

在海洋里,进行光合作用的浮游植物本来都很小,无论硅藻、甲藻还是颗石藻,都是微米到毫米级的小个体。但是这些单细胞生物都有细胞核,而1980年前后发现,海洋里还有更小的生物在进行光合作用,那就是连细胞核都没有的原核生物,尤其是其中的原绿球藻(*Prochlorococcus*),尽管大小只有0.7微米,却是地球上数量最多的光合作用生物,每升海水里可以有上亿个个体,繁殖速度可以让个体数量每天翻上一倍,因而也是地球上生物量和生产力最高的单一物种。现在知道:没有细胞核的原核生物,占据了海洋生物量的90%以上,其中个数最多的是病毒。每一滴海水里就有上千万个病毒,估计全大洋有10^{30}个病毒,连起来长度超过60个银河系。

然而微生物的数量虽多,却还是摆脱不了一个"微"字。要讲小型生物的故事,还是得要有昆虫的大小,才能产生"惊世骇俗"的社会影响。就说那小小蝗虫,早在法老统治时代就在古埃及闹灾,从而"名垂史册"。不仅如此,蝗虫还能够远距离迁徙。起源于非洲的蝗虫,能够越洋过海,入侵欧洲、亚洲。蝗虫是世界上飞行能力最强的昆虫,它们体内贮存的大量蛋白质,可以为飞行提供大量能量,使它们每天能够连续飞行近10个小时。如果凭借风力,越洋跨海应该都不在话下。

昆虫也能飞越大洋?候鸟跨海是有的。有一种半斤多重的小鸟叫斑尾塍鹬(*Limosa lapponica*),在它背上安装卫星跟踪器,发现它能在11天里从美国阿拉斯加飞到新西兰,不吃不喝飞行11 000千米跨越太平洋,于是成了新闻。然而比鸟小得多的昆虫,居然也能飞越大洋,要人相信就不那么容易。当然,这里说的不是苍蝇、蚊子之类靠近地面的昆虫,而是飞在高空的昆虫。据说在50层楼(150米)高度以上迁徙飞过英国南部的昆虫,每年就有35 000亿只之多,论生物量足有3200吨。

最值得介绍的是蜻蜓,特别要提出的是黄蜻(*Pantala flavescens*),这是世界上最常见的一种蜻蜓。我国在将近20年前就发现,黄蜻会在几百米的高空夜渡渤海,一夜连续飞行9—10个小时,跨越150—400千米。更加惊人的是它们能飞越印度洋。科学家发现,一种黄蜻能够从非洲飞到印度,甚至还进一步飞到了日本,等繁殖以后,下一代的蜻蜓又从印度飞回非洲(图5.12)。试想一只总共才0.3克重的蜻蜓,哪有那么多能量储存在体内,能够对付2000千米的越

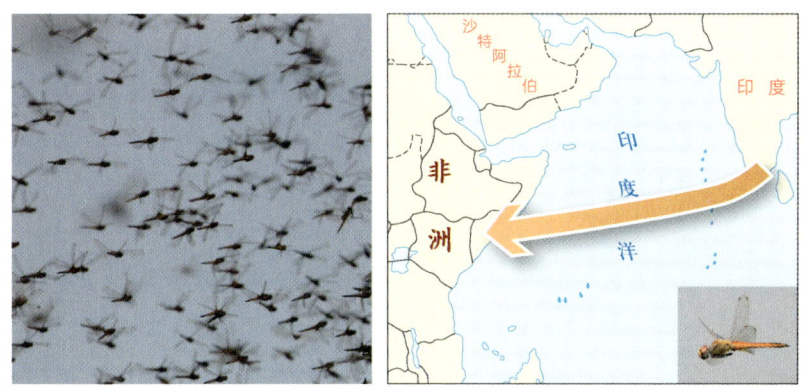

图5.12 蜻蜓跨海。左:蜻蜓集群高飞;右:黄蜻飞越印度洋的路线

洋飞行?

关键在于蜻蜓在飞行上有"特异功能"。黄蜻翅长而窄,飞行能力很强,一秒钟可以飞10米,飞行中既能突然回转,又能直入云霄,甚至连交配也是在空中进行。雌蜻蜓产卵,是在飞翔时用尾部碰水面把卵排出,这就是我们看见的"蜻蜓点水"。对于上千千米的越洋飞行,科学家做了试验和模拟,认为是风力和滑翔成全了蜻蜓的凌云壮志。即便如此,一不靠卫星定位、二不用气象预报就能飞越印度洋,蜻蜓的航空能力人类只能佩服。

也许更加令人钦佩的,是昆虫在建筑工程方面的高水平,特别是蜂和蚁这两类社会性小动物在建造自己"公馆"上的才能。

蜜蜂的巢房,就是鬼斧神工的神奇建筑物。世界上的蜂巢都是由一个个六边形的房室组成,封盖在巢中的是自然成熟的蜂蜜。这无数个大小相同的房室都是正六边形,而令人惊讶的是,房室的底既不是平的,也不是圆的,而是尖的。这个底是由三个完全相同的菱形组成。每个菱形有四个角,200年前就已经发现:两个钝角都是110°,两个锐角都是70°(图5.13)。不可思议的是,世界上所有蜜蜂的蜂巢都是按照这统一的角度和模式建造的。这种强度高、分量轻,有利于隔音和隔热的蜂巢结构,现在从航天飞机到人造卫星都在广泛采用。

当我们为蜂巢结构喝彩叫好的时候,可别忘了还有更高水平的昆虫建筑

图5.13 蜂巢的严格几何形态。A.蜂巢;B.蜂巢房的结构;C.单个蜂巢房的形态;D.顶面开放,呈正六边形;E.底面封闭并稍凸起,由三个菱形组成

师,那就是白蚁。白蚁的食物是木质纤维素,而且它们能够降解塑料和橡胶,房子、家具甚至电线都是它们的食品,所以到了城市里白蚁就是灾害,农林水利、交通运输都深受其害。有人把白蚁危害比作"无声的地震、无烟的火灾"。那为什么还要把白蚁捧出来呢?因为在特定条件下,白蚁是自然生态系统里不可或缺的成员,依仗的就是分解物质的能耐。无论非洲、大洋洲,还是南美洲的干草原,土壤的形成都有白蚁的功劳。不像我们这里有蚯蚓在加工土壤,干草原里没有蚯蚓,就是靠白蚁建造土丘,将土和水送上去,再等雨水剥蚀下来造成土壤。

说起白蚁的土丘,那就是它们业绩的丰碑。白蚁成群生活,上百万只白蚁在地上建造一座土丘,用复杂的通道系统连接地下居住的巢穴。在非洲草原和森林区,可以看见不同形状、不同颜色的白蚁丘(图5.14B—D),矮的1—2米,高的8—9米,最高的达到12.8米,就像耸立在草原上的高塔。非洲白蚁的工蚁,身长不过1厘米多点(图5.14A),要建造10米的高塔,远远超过了人类建造迪拜828米哈利法塔所面临的挑战。再说这土塔的质量不凡:白蚁丘的原料是土,全是靠着工蚁用自己的唾液粘起来的,类似于中国古代造长城用的"糯米灰浆",是十分坚固的"有机水泥"。听说非洲、印度都有人将废弃的白蚁土丘高温处理,磨成粉末以后就成为宝贵的材料。

图5.14 白蚁建造的各种土丘。A. 大白蚁(*Macrotermes*);B、C. 非洲的白蚁塔;D. 成群分布的非洲白蚁丘;E. 巴西的白蚁土山;F. 巴西遥感照片显示密集排列的白蚁土山

"白蚁塔"只不过是地面的部分,地底下还有可以深达4米的巢穴,可见工程之伟大。不过白蚁们并非一味好高骛远,巴西东北的白蚁泥丘就像个圆的土墩,一般3—4米高、9米直径,活像个山包(图5.14E),但是分布可以极为密集,比北京稍大的面积里居然有2亿座这样的白蚁土山,紧密排列的结果就像一片公墓(图5.14F),以至于从太空里都能辨认。

图5.15 "白蚁大厦"的内部结构。A.内部结构示意图;B.土丘外形;C.石膏内模(地上部分);D.表层外出通道的内模

可是白蚁塔的妙处还不在外表,而是在里面。如果把石膏灌进蚁穴制成内模(图5.15C),内部结构一目了然,就会看到白蚁窝配有天然的空调装置。想象一下非洲草原的夏季高温,闷在塔里的白蚁们如何生存?地面的土丘相当于肺,主要用于通风,中央是个"烟囱"(图5.15A),有四通八达的管道网通到土丘表面的小孔(图5.15D)。有风吹过的时候,风可以通过小孔进入土丘内部,经过弯弯绕绕的管道到达巢穴中央,替换陈旧的空气。白天土丘表面加热,靠近土丘表面管道中的气流上升,沿着"烟囱"推动较冷的气流下沉,到达巢穴中央;夜间气流发生逆转。白蚁塔的"空调"系统,不但使科学家们赞叹不已,连设计师们也能从中得到启发。

读者也许会问,这样复杂的工程,有谁在组织、指挥吗?蚁、蜂之类昆虫的社会组织,长期以来不仅是学术界的研究对象,也给文学家提供了想象空间。尤其是蚂蚁世界,古今中外有不少作家编制了人类进入蚂蚁世界的故事。400年前汤显祖的《南柯记》,至今在昆曲舞台上吸引着观众;近百年来西方作者写了各种关于蚂蚁世界和人类的科幻小说,有的还拍成了电影。至于动物的社会组织和感知世界,还有待进一步深入的科学研究加以揭示,说不定能够超越科学和艺术层面,在哲学高度取得突破性的认识。

"地狱之门"和极地"天坑"

中亚的土库曼斯坦有个国际著名的旅游点,叫作"地狱之门"。听起来吓人,其实是卡拉库姆沙漠里一个烧了半个世纪的大火坑,每年都有不少猎奇探险的游客来此观光,观赏坑内熊熊燃烧的大火,一睹这地球奇观的风采(图5.16)。等到夜幕降临,这"地狱"景观显得格外壮丽,远在40千米外就能见到火光。可是因为坐落在卡拉库姆沙漠里面,附近没有旅馆,只有个不过几百人的德维泽小村,所以有的游客干脆在这里搭帐篷过夜。那么,这"地狱之门"又是

图5.16　土库曼斯坦的"地狱之门":一个燃烧了半个世纪的大火坑。左:白天;右:夜景

怎么来的呢?

　　故事发生在1971年的苏联。当时一批地质学家在这里钻探石油天然气,发现地下有个大洞穴。而就在这勘探的过程中,地面轰然坍塌,表面的地层连同钻探工具一道掉进坑里,形成了70米长、30米深的大坑。当时为了制止有毒气体外泄,点燃了火,可这一烧就是50多年。并不是说全土坑都是火,而是沿着火坑周边垂直的壁和坑的中央在燃烧,烧的都是从地下冒出来的甲烷天然气。土库曼斯坦有丰富的油气资源,天然气储量居世界第四位,"地狱之门"就位于这油气区里,50年根本烧不完。2010年,时任土库曼斯坦总统别尔德穆哈梅多夫到这里视察,下令灭掉大火并填埋这个巨坑,但这项计划从未付诸实施。

　　"地狱之门"不知道是谁取的名字,不过确实能产生震动效果,也会令人联想起19世纪法国雕塑家罗丹(Auguste Rodin,1840—1917)的雕塑巨作。罗丹被誉为米开朗琪罗(Michelangelo Buonarroti)之后最伟大的雕塑家。1880年法国工艺美术馆即将动工,政府委托罗丹为青铜大门做装饰雕刻,当时他就决定以14世纪但丁(Dante Alighieri)的《神曲·地狱篇》为主题,创作一组表现人间地狱的雕塑——《地狱之门》。这组雕塑历时20多年,直到1917年罗丹去世前他都认为自己还没有完成,而著名的《思想者》就是其中的首批雕像之一。

　　"地狱"在东西方文明里都有,直到今天至少还是宗教和艺术界的常见话题,偶尔也会闯进科学圈里来。1994年,俄罗斯在科拉半岛上的大陆超深钻终孔,这口打了24年的井已经达到12 262米,全世界最深。开孔的是苏联,终孔的已经是俄罗斯。可是原定目标是打15 000米,随着钻井加深,地温逐渐增高,技术困难越来越大,加上苏联解体后的经济困境,科技界的理想只能放弃。然而随着终孔产生的流言却极为蹊跷,传说终孔是因为打进了地狱,在井口听见有无数人的号叫声,还有人说给这毛骨悚然的"地狱之声"录了音,甚至还有人说看见了有怪物爬出井来……这类"妖言惑众"的谣言在学术界当然没有市场,却依然不失为市井酒肆的八卦话题。

再回到土库曼斯坦的"地狱之门"上来。应该说,像那样长期燃烧的大火坑确实罕见,但是这种巨型的"天坑"别处也有,比如在西伯利亚西北,已经在北极圈里的亚马尔半岛,近年来接连发现巨型的"天坑"(图5.17A—C)。这些圆形的大坑直径数十米,深度可达50米。因为这是荒无人烟的北极冻土带,谁也不知道它们是怎么产生的。一开始它们被叫作"陨石坑",猜想是陨石砸出来的,又有人猜想这可能是外星人UFO的降落点。科学家们经过研究,包括用无人机到

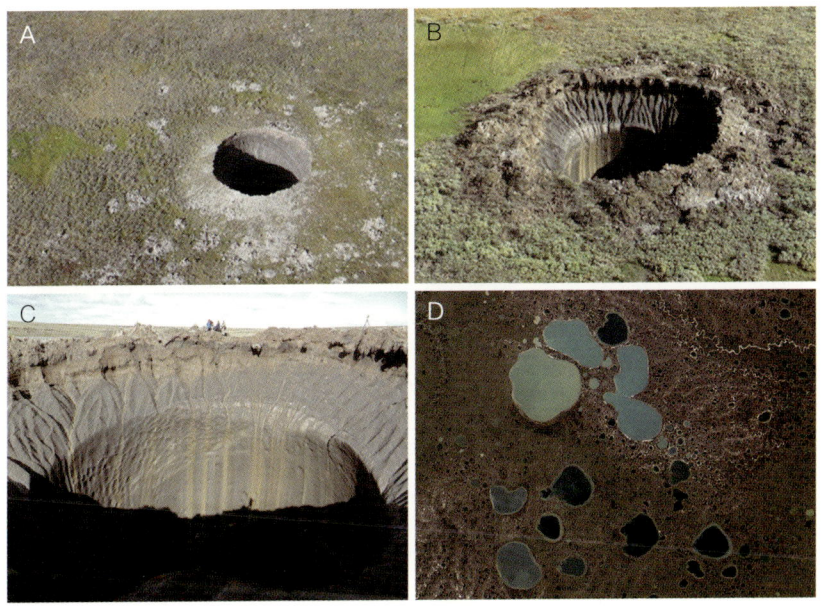

图5.17 西伯利亚西北部的"天坑"。A、B.新近爆炸形成的巨型"天坑";C.巨型天坑的内部;D.西伯利亚冻土带的热融湖群

"天坑"内部进行观察,发现这是积聚在地下的甲烷气体爆炸喷发而产生的坑,与地外因素无关,从而澄清了关于西伯利亚"天坑"的猜想。具体说,温度变暖甲烷增多,在冻土层底部积累压力,并持续对地表进行推挤,直到压力超过临界值,整个土墩被炸开、甲烷逸散,留下巨大的圆坑。其实更加常见的是冻土带上的"热融湖"(图5.17D),用不着爆炸,冰融化了,地面下凹就容易积水,但这也正是天然气逸出的地方。

可燃冰储存主要不是在陆地而是在海底,在大陆坡上部的沉积层里。可燃冰里的甲烷是温室气体,其温室效应是CO_2的二三十倍,一旦海水升温或者其他原因,使得海底可燃冰大量融化放出甲烷,就有可能造成灾害。突出的一例发生在5600万年前,随着海底可燃冰的融化,巨量的甲烷气在2万年的时间里从海底释出,引起的温室效应导致高温,海水温度从表层到深部全都增加了5—8℃,海水pH整体下降,导致一批海底生物因此灭绝。这是地质历史上一次严重的高温灾害事件。

水底气体喷发成灾,并不限于甲烷气。1986年8月21日傍晚,西非喀麦隆的尼奥斯湖(Nyos)突然喷发出纯CO_2气体,使周围大约1700人窒息而死。尼奥斯湖原来是个200多米深的死火山口,湖底和湖岸的众多温泉,将来自地下深部的CO_2输入湖水深处。这次发生的就是湖水翻转,深部的气突然喷出水柱,形成约50米厚的CO_2云层,笼罩半径超过23千米,使得人和牛羊、鸟类、昆虫等动物几乎全军覆没。这种"湖喷"的天灾十分罕见,是20世纪最奇怪的灾祸之一。

从本质上讲,海底下面的甲烷和CO_2本身并不是祸根,而是大洋碳循环的一个环节。它们在适合的条件下都可以形成水合物储存在冰里,条件变了可以释放出来进入海水。甲烷释出的地方叫作冷泉,冷泉口会发育特殊的动物群;CO_2也能形成水合物,也可以在分解后从海底释出。太平洋的马里亚纳海沟和冲绳海槽,都在1000多米的深海底发现过CO_2的喷口,被称作深海水底的"CO_2湖"。其实陆地上从地底下放出甲烷的例子相当常见,从台湾到新疆都有"泥火山"发育,富有旅游价值。同样的道理,泥火山在水下也会产生,比如南海底下就有,都是甲烷气从海底逸出而形成的地形。

金刚石"大洞"和恶魔线虫

与上天相比,人类入地的能力差得多。上天,人类能够高飞太空、登上月球,而入地的深度却小得可怜。迄今为止,"入地"的深度只有四五千米,还够不上地球半径的千分之一。人类进入地球深处,无非为了采矿。世界最大的露天矿是智利北部的丘基卡马塔(Chuquicamata)铜矿,将近4千米长的矿坑挖到了850米深,2万矿工从这里为智利这个"铜矿王国"贡献了将近一半的铜矿石。不过更多的是为了采金子、采金刚石,才会去挖掘巨大规模的露天矿坑,开凿深度吓人的地下矿井。

开采金刚石规模最大的露天矿,分布在南非、俄罗斯和加拿大。其中南非的金伯利(Kimberly)是世界级的"金刚石之都",露天矿坑金伯利"大洞"(Big Hole),是全球最大的纯手工挖掘出来的大坑(图5.18左),坑深214米、宽463米,而地下采矿已经深入到1097米的深处。2005年停产之后,现在设有金伯利采矿博物馆,供游人参观。请读者注意:这是个用手工开挖出来的矿坑。早

图5.18 世界最大金刚石露天矿实例。左:南非金伯利"大洞";右:俄罗斯乌达奇纳亚金刚石矿

年的采矿条件极其恶劣,从1871年到1914年,曾经有5万名矿工和奴隶,挥动着洋镐和铁锹,全靠手工掘出了2200万吨的岩石,从中采得超过3吨的金刚石,成就了欧洲戴比尔斯(De Beers)公司财主们的发迹。

非洲以外,俄罗斯也是产金刚石的大国。20世纪50年代在西伯利亚发现了米尔内(Мирный)金刚石矿和乌达奇纳亚(Удачная)金刚石矿(图5.18右),这些都属于世界上最大的金刚石坑,直径1200米,坑深近600米,规模巨大。不过现在都已经停止露天开采,改为地下开采。当时在开采期间,一辆满载矿石的卡车从矿坑底部上行,开到顶端要花两个多小时,全程要沿着锥形的悬壁爬坡绕行40多圈,盘山矿道曲折迂回,长度超过70千米。露天开采会产生严重的环境后果,不说别的,光是在巨坑的中央就会形成大型"旋涡"气流,曾经发生过数起观光直升机因忽视"风洞效应"而被"旋涡"吸入坑底的空难事故。现在,矿坑上空300米高度已被政府列为"禁飞区"。

这些说的都是露天矿,要是说进入地球内部深处的开采,那主要还是采金子的矿井,而且集中在南非,其中首屈一指的是姆波尼格(Mponeng)金矿。那里的主矿脉有1米厚,因此埋得再深也值得开采,于是建造了4000米深的矿井在深处开采,这也是目前人类亲自"入地"所达到的最大深度。井下有3700米长的巷道(图5.19A),深处的地温超过65℃,但又不可能装空调,只能把冻冰浆注下井去,将温度降到29.5℃。要到地下4000米深处去采矿,光是上班下井的功夫就十分了得。第一步先从井口坐电梯下到2200米,这电梯就拥有吉尼斯世界纪录(图5.19D):下行速度每小时48千米,所以只要3分钟就到了。电梯有上下三层,可载客150人。第二步是从电梯出来再转另一部电梯下到3420米的深处。然后第三步就得步行,有时候还得爬行(图5.19B、C)。矿工从地面下井到采矿面,总共需要90分钟。

这就是目前世界上最深的矿井,配有最长的电梯。姆波尼格附近还有两个3500米深的矿井,都是有数千工人的大矿,生活和安全问题都十分突出。1995年,一部电梯突然下坠500米砸到井底,造成上百人死难。这里的矿石含

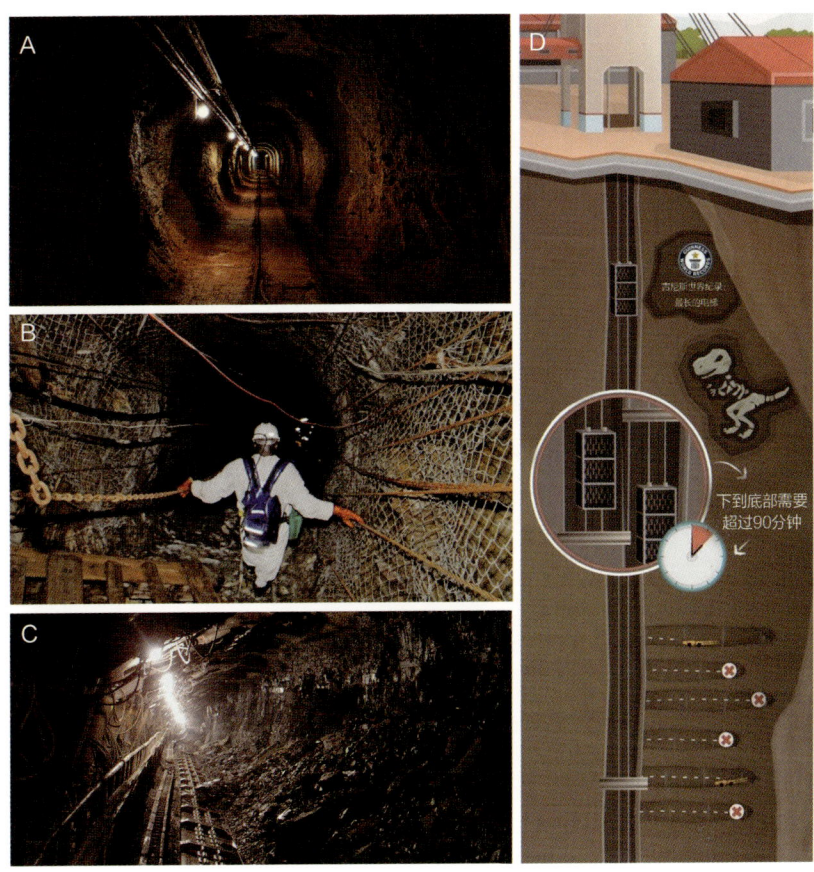

图5.19 世界最深的矿井——南非姆波尼格金矿。A.深处的坑道;B.步行下井的工人;C.采矿面和堆积的矿石;D.载入吉尼斯纪录的下井电梯

金量高,每吨石头里有将近9克黄金,就是这样的产值,驱使着人们下到4000米的地下。

有趣的是,在这高温的地下深处除了要挣钱的人,居然还有动物居住。这里说的是动物不是微生物,陆地地下、深海底下都有大量微生物,那并不稀罕,稀罕的是多细胞动物。动物需要食物、需要氧气,难道也能在地下深处生活?

可就是在南非金矿3000多米的深处发现了动物:尽管它小到只有5毫米,却真的是多细胞动物,属于线虫的一个新种。发现者比利时的博尔格尼(Gaetan Borgonie)教授选用了魔鬼靡非斯特(Mephistopheles)的名字来命名这个新种,学名叫作 *Halicephalobus mephisto*,中文译成"恶魔线虫"(图5.20)。靡非斯特是歌德诗剧《浮士德》里的恶魔,希腊文的原意是厌恶光明,用来为地下黑暗世界的动物取名,也不无道理。

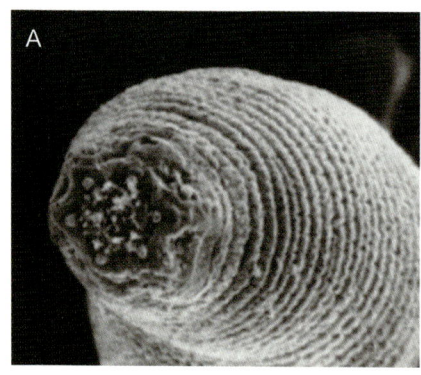 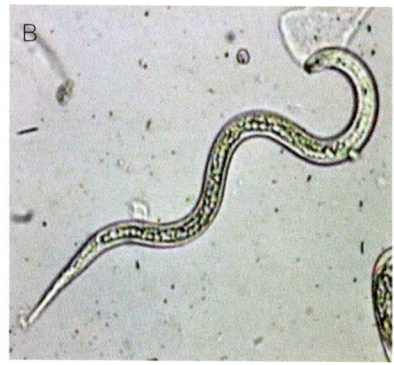

图5.20 恶魔线虫——人类所达地下最深处的动物。A.头部(扫描电子显微镜照片);B.全身(光学显微镜照片)

恶魔线虫是目前已知生活在人类所到达的地下最深处的动物,依靠吃地里的细菌为生。在所有的动物种类中,线虫是分布最广、耐力最强的一类,从极地冻土带到50—60℃的温泉里都有分布,从江河湖海到人体内部都能生活,人体内的蛔虫就是线虫的一种。所以线虫能够适应千米深处的地下生活,应该说并不奇怪。

南极冰下湖和沙漠地下水

人类的认知80%以上靠视力,所以"仰观宇宙之大,俯察品类之盛"靠的都是眼睛。可是目光并没有穿透力。向上看天还行,向下看地就成了问题:岩石圈并不透明。因此自古以来就把地下交给了神话世界,从西方的冥王哈迪斯到东方的阎王,都是同一个道理:地下属于另外一个世界。技术发展产生了能够探测深部的各种地球物理手段,可以发射电磁波或者地震波之类深入地球内部,使得人类开始了解地下世界。南极冰盖下的河流湖泊,就是重大发现之一。

南极冰盖极大,占地球表面陆地面积的1/12,除了海洋之外,地球上的水有一半冻结在南极。冰盖的厚度平均2000多米,最厚达到4000米,俨然一座白色高原。其实南极是在动的,不仅冰盖在缓慢流动,冰盖下面更是有山有水,是一片被冰山压抑而不为人知的黑暗世界。

如果谁能把冰盖托举起来(图5.21A),就会看见南极洲不是一个完整的大

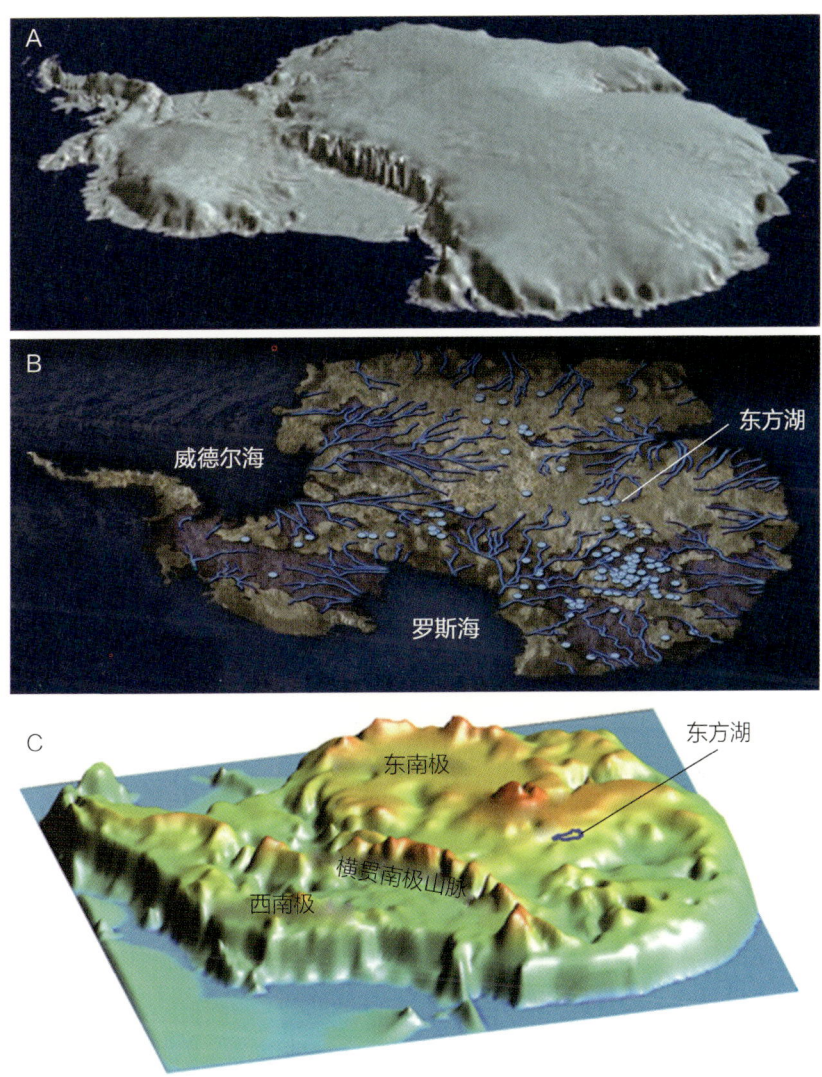

图5.21 南极冰盖下的河湖水系。A.南极冰盖;B.冰下河流与湖泊;C.南极的地质基底

陆。有一条平均3500米高的山脉横贯南极，把它分成东西两块：山脉以东才是南极大陆，山脉以西是个长条状的南极半岛和岛屿(图5.21C)。在冰盖和基底之间，发育着大片的河流湖泊(图5.21B)，只是在冰盖高压之下，河水不可能像我们想象的那样流淌，湖泊也绝不会有平整的水面。

有趣的是南极冰盖底下这些湖泊与河流，组成了一个独特的水系。已经发现南极冰盖下面至少有200个湖泊，它们之间通过冰下河道相互连通，形成水网。这批冰下湖泊的水量不容小觑，加在一起相当于全球淡水湖水量的8%以上，假如平铺在南极面上也会有1米深。其中最大的一个冰下湖泊是俄罗斯早年航测发现的，叫"东方湖"(图5.22B)，后来通过雷达探测得到证实(图5.22C)。这个压在4000米冰层下面的大湖面积14 000平方千米，水深800米，论大小，在全世界湖泊里排位第七。

东方湖的上方，正是俄罗斯南极冰钻东方站的所在。东方站的科学家们从1970年开始钻取冰芯，直到2012年钻探结束，钻获3600多米长的冰芯，取得了40万年气候变化的记录(图5.22A)。在这40多年里，钻探技术多次革新，钻探工具更新换代，科学家团队遇到一次又一次的挫折，但始终坚持到底，终于获得了成功。东方站冰芯之可贵在于穿透了冰盖，井底的几十米取到的是东方湖顶面湖水结成的冰。推测东方湖应该是南极冰盖形成时候的地表湖，距今至少有1400万年历史。而从冰芯的分子生物学分析结果看，东方湖里至少有微生物生存。一旦能采集到千万年古湖里的生灵，那就像闯进了地球历史的桃花源，有望破解重大的科学之谜。但是现在再往下钻井就犯了禁忌，因为只要钻头一进湖水，就会立刻造成污染。地球上总共就一个东方湖，需要等到防污染的新技术产生，才可以继续钻进。

河湖之谜不仅冰盖下面有，所有大陆地下都有类似的谜，那就是地下水。就说南极，冰下的沉积物和基岩孔隙里也都有地下水。估计所有的冰下湖加起来不会超过南极面积的1%，而冰盖下面的地下水却可以遍布整个南极大陆，相当于地球上一片最大的"湿地"，总的含水量至少比冰下湖多100倍。人类的眼

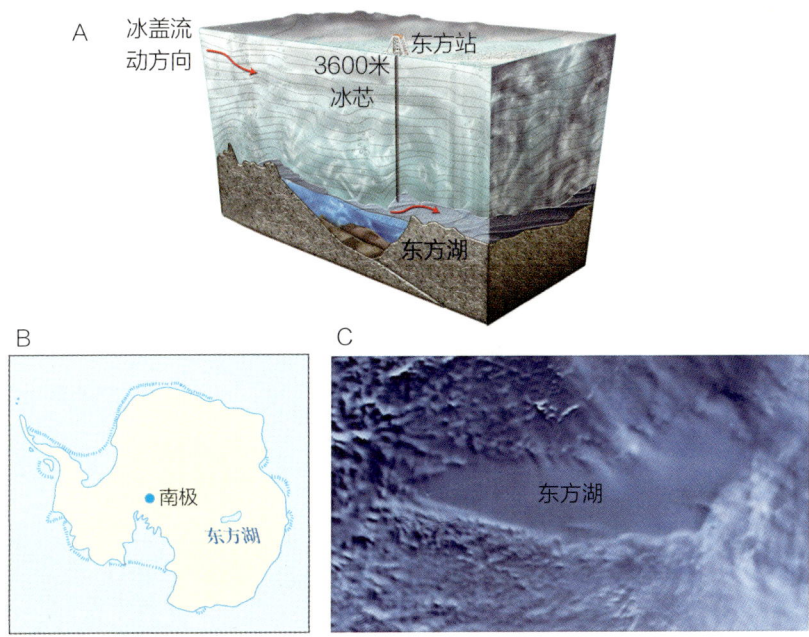

图 5.22 南极冰下东方湖。A.南极东方站冰钻穿越冰盖,直抵东方湖面;B.东方湖的位置;C.冰下东方湖的雷达图像

睛没有透视能力,只见江湖不见地下水,其实地下水才是大陆上液态水最主要的储库,水量相当于地球上全部河水总量的一万倍。地球上面的淡水除了冰,主要就是地下水。这些地下水的来头不小,往往是地质历史上的"遗老遗少"。前面说到南非金矿里的"恶魔线虫",就是生活在几千米深处的地下水里,把水拿去做放射性测年,结果是3000—12 000年,所以恶魔线虫是史前时期隐居地下的"遗民"。

地下水的积聚,往往和地质环境的变迁有关。比如说从前被海水淹没或者被冰盖笼罩的地区,往往容易形成丰富的地下水储藏。令人注意的是北非的沙漠地区,那里的降雨量现在几乎为0,但是有着丰富的地下水,当然这些都是"化石水"。具体说就是现在的撒哈拉沙漠,随着季风气候的演变,历史上曾经多次出现过多雨的环境。在10 000年前到4000年前,几度出现过森林化时期。现在的沙漠当时曾是森林或者草原,称为"绿色撒哈拉"(图5.23B),当时的一部分地面水就进入了地下。撒哈拉沙漠东部著名的努比亚(Nubian)砂岩含水区,是世界上已知化石地下水库中最大的一个,跨越苏丹、乍得、利比亚和埃及,面积逾200万平方千米,含水量15万立方千米,储存量相当于尼罗河200年的总流量。如果能够将地下水抽出来运到城市或者灌溉农田,那就是改善北非干旱问题的重大举措。

果然,在1980至1990年代的利比亚,当时的领导人卡扎菲开始实施"大人工河计划"(Great Man-Made River Project,GMRP)(图5.23A),计划用250多亿美元,打1300多口超过500米的深井,将撒哈拉沙漠的地下淡水抽上来,再用全

图5.23 利比亚的"大人工河计划"。A.输水管道与工程分期;B."绿色撒哈拉"时期的非洲北部;C."大人工河计划"的宣传标志;D、E.计划早期施工的盛况

长4000千米、直径4米的巨型钢筋混凝土管道,把水输送到利比亚全国各地。这项当今世界上最大的水利工程,号称地球的"第八大奇迹"(图5.23C)。

1984年,"大人工河计划"正式启动,工程场面热火朝天(图5.23D、E)。从1989年到1991年,大约有2400千米长的管道将淡水引向3个巨大的水库,1996年又将淡水引到了首都的黎波里。"大人工河计划"是个跨世纪工程,总共分五期进行,是卡扎菲40来年政治生涯的得意之作。近十余年来,在西方干涉下利比亚政权更替,内战不断,2011年北约还轰炸过水管制造厂,计划的实施受到政治动乱的严重威胁。

后话

　　视觉是人类接收外界信息的主要渠道,因此眼睛居五官之首,"眼见为实,耳听为虚"。所以说"一犬吠形,百犬吠声"里的"声"不如"形"可靠,道听途说比不上亲眼所见可信。可是和其他动物一样,人的视觉也有局限性,在一定条件下也会产生错觉。在火星上看到运河(见第一章,图1.2),在结晶岩上看到有孔虫(见第一章,图1.7),那都是"眼见"加上想象产生的学术错误。更多的错误出自视角和视域,如果给出一个特定的视角,"不可能三角形"也就成为可能;如果只从地面看日月,还真会相信太阳在绕地球转。一旦视角移出太阳系之外,谁绕着谁转就不言自明,而且只有从太空回头看地球,才能明白这颗蓝色星球是一个完整的系统。

　　我们了解最少的是地球上的"暗世界"——大陆的地下世界和大洋有光带以下的深海。全世界七八十亿人全都挤在地球的表面,巨大的地球内部进不去也看不见,但是我们生态环境中的不少因素,很大程度上是地球内部过程在地球表面的表现。地球深部既是人类认知的盲区又是最大的开发对象,所以说与其到外星球去寻找资源和能源,不如求助于自己的深海海底和地球内部。就说水吧,你可以把大陆的地下水和世界大洋看成同一盘水,陆地上的江河湖泊无非是这盘地下水出露地面的露头。困难在于人眼没有透视力,看不到地表下面,只能盯着眼皮底下的表层水发愁。

岂止是水,人眼看不出来的东西多着呢。海洋里不光有鱼,大洋的生物量90%以上是看不到的微生物。世界的生物圈,个体大小跨越了9个数量级,但我们只看重和自己大小相近的动植物,对微生物世界视而不见,因此就无从理解生态系统的运作。近年来许多科学的珍闻来自比我们小得多的生物,无论是跨海越洋的昆虫,还是建筑"宫殿"的蚁蜂,都使我们惊叹不已。然而正是这些和我们大小悬殊的生物,为进一步的科技探索留下了新课题。至于比我们大得多的生物,从蓝鲸的心跳到恐龙的血压,也都为人类研究自己的生理,提供了珍贵的参考系。

开阔的视野预示着开阔的前景,视角的变换和视野的开拓,为科学创新指出了新的路径。科学家的成功,不能单靠"低头拉车",更要学会"抬头看路",才能走上学术突破的创新之路。

扫一扫,看视频

第六章
科学家和寿命

在"科学家和视野"一章里,我们谈论人类认知受到空间上的限制,其实时间上的限制比空间上严重得多。随着科技的发展,人类已经能摆脱地球引力闯入太空,顶住水柱压力潜入深海,即使自身去不了,也能发射物理波探测地球的内部。但是在时间上不行,既跳不到未来,也回不到过去,只能留给科幻作家去写穿越剧。古代的幻想是"时间加快",比如"黄粱梦";1980年代发明"时间机器"概念之后,又涌现出形形色色的"时光穿越"。

科学发展带来了对寿命理解的进步,原来不同生物的寿命差异可以如此悬殊。与寿命相关的是代谢作用的强度。科学进步揭示出生命现象竟然会有如此巨大的变化幅度,以至于挑战着我们传统的"生死观"。

长寿之星

"朝菌不知晦朔,蟪蛄不知春秋",可怜的小生物寿命太短,听不到晨钟暮鼓,看不见寒往暑来。你我有幸生而为人,既识晦朔又历春秋,在小虫子面前尽可以耍神气,但是在多少亿年历史的大自然面前,我们最多百来年的寿命又显得过于寒酸。传说古代有位彭祖从尧舜活到殷末,超过800岁;《圣经》里亚当的寿更长,据说活到930岁。如果这些你都相信,那自然就会埋怨:为什么我们活不了那么长?

但是科学家对古人的骨骼进行分析比较后,发现事实并不是这样:古人寿命并不长,历史上人类的平均寿命是在增加的。史前人类的生活条件很差,3万年以来的平均寿命,长期徘徊在二三十岁之间,因此"三世同堂"就很难出现。平均寿命受婴儿死亡率的影响很大,所以并不排除古代也有高龄的个体,但是十分稀少,要是有"爷爷""奶奶"出现,那都属于罕见现象。后来寿命逐渐有所增长,但是变化不大,从坟墓材料的分析结果看,古希腊人、古罗马人的平均寿命也只不过20—35岁。欧洲的数据表明,到了15—17世纪,平均寿命还在30—40岁。转机出现在18世纪初期,大约就在10代人的时间里,欧洲人的期望寿命翻了一番,然后就一路飙升,直到今天(图6.1A)。1950年全世界的平均寿命为45岁,现在已经超过73岁。近200来年人类寿命的增长,正是科技发展的结果,连同物质生产的总量(图6.1C),还有全球人口的总量(图6.1B),也都在一起呈指数增长。

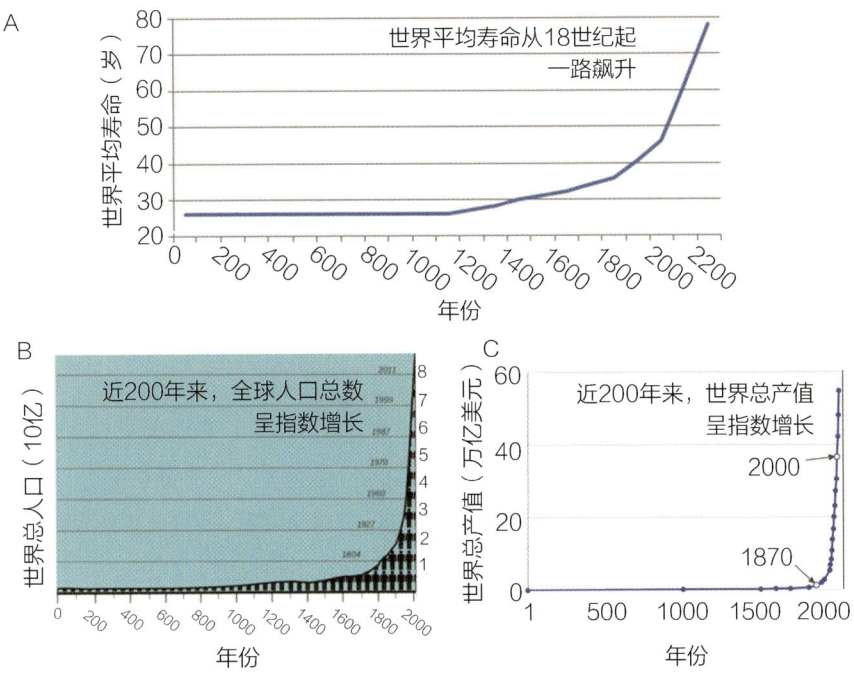

图6.1 世界平均寿命和物质总产值的增长。A.平均寿命；B.总人口；C.总产值

如果不说平均寿命,只看个人长寿的历史记录,那故事当然就多了。在吉尼斯纪录里,当今世界最长寿的是日本福冈的老太太田中カ子,她1903年初出生,2022年4月去世,享年119岁。现在"接棒"的是法国修女安德烈(André),1903年生,经历过18任法国总统。历史的长寿传说太多,但不见得可靠。唐朝"药王"孙思邈,是为我国医学作出历史贡献的长寿伟人,相传还是屈原的后人。传说他活了141岁,但是各种说法都有,少到101岁、多到165岁,真假难辨。唐朝的传说多得很,据说有位高僧慧照法师活了290岁;而福建的陈俊,传说竟活到了443岁,晚年只剩10斤重,可以放在篮子里出门,被称为"菜篮公"。近代史上,清朝时成都有位医生李庆远,说是活了256岁,从康熙十六年到民国二十二年,自称娶过24位妻子、有180位后人。针对这类传说故事,还有人真的想去考证,结果都是"事出有因,查无实据",只有口传,不见记载。要害在于古代并没有出生登记,因此这类故事也只能"姑妄听之",不必认真。

现在看来，人类有120岁期望年龄的说法大体上是对的，这在动物世界里是个相当不错的数字。100年前有位英国人统计过各类动物可以达到的年龄，几乎都比不上今天人类的寿命（图6.2）。我们身边的牛马猪羊之类，寿命都不过20年上下，唯独"龟寿"令人羡慕，但我们又接受不了它们的生活方式。相比之下，一些水生生物更长寿，比如鲸、锦鲤都有活过200岁的。最近100年来，长寿动物的发现越来越多，有时还会爆出意外新闻。2013年，国际上曾经刮起过一股风，为世界上最长寿动物的死亡愤愤不平，埋怨没有保护好507岁的超级老蛤蜊，英国广播公司（BBC）称之为"蛤蜊门"事件。

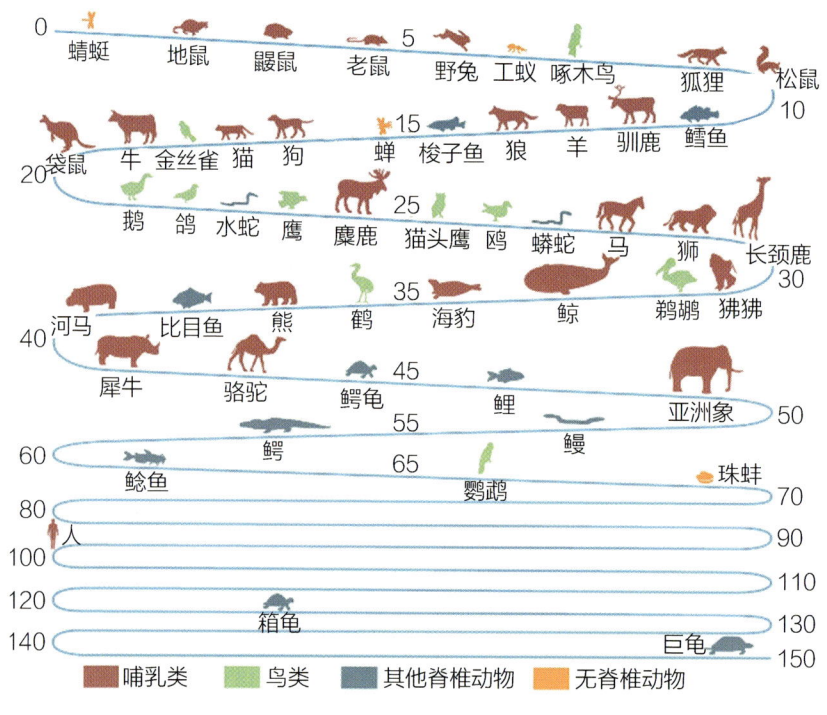

图6.2 现代各种动物的大致寿限（年）：100年前的认识

事情的起因在2006年。英国科学家从冰岛岸外的海底采回200只蛤蜊，装进船上的冰箱里带回实验室研究。这是一种大西洋常见的冷水蛤蜊（图6.3左），学名叫冰岛北极蛤 *Arctica islandica*（Linnaeus）。蛤蜊壳面的生长纹就像树木的年轮一样,记录着出生以来经过的年数。2007年这些科学家根据生长纹发表论文,说这批蛤蜊的年龄可以高达405岁。但是蛤蜊壳上晚年的生长纹过于密集,很难准确识别,6年以后他们重新计数,发现不是405岁而是507岁。那可真是现生最老的动物,它们在达·芬奇画《蒙娜丽莎》的时候就已经出世,相当于出生在中国的明朝年间,于是就把它们叫作"明蛤"(Ming)。

这项成果发表时作者们兴高采烈,没想到遭到了谴责:2013年《每日先驱报》发表文章,说是科学家撬开贝壳时不小心,杀死了我们的"世界寿星",其实它们大概2006年在船上的冰箱里时就早已死去。再说这种冰岛蛤蜊十分常见,作为海鲜还是蛤蜊浓汤的上佳材料。2013年"蛤蜊门"事件的媒体炒作实属反应过度,直教行内人啼笑皆非。

从科学的角度看,实质问题还不是长寿的年数,而是动物抗衰老、耐疾病的能力。正是从这个角度出发,裸鼹鼠(*Heterocephalus glaber*)的长寿能力,成了近年来学术界探索的热点。裸鼹鼠是一种小哺乳动物,十来厘米长、三十来克

图6.3 长寿动物。左:北极蛤;右:裸鼹鼠

重,有着一身光秃秃而又皱巴巴的肉红色皮肤,成对的长门牙爬出在嘴唇外面,既不长耳郭,也几乎没有眼睛,世界上长得再丑的动物,恐怕也莫过于此(图6.3右)。它们生活在炎热的非洲草原地下,靠吃蚯蚓之类的小虫为生,同时也吃粪便,所以不光是其貌不扬,简直是叫人恶心。但是这帮丑类居然登堂入室,成了科坛学界研究的"嘉宾",原因就在于它们有长寿的"特异功能"。

裸鼹鼠和家鼠、兔子一样,都有一对不断生长的门牙,属于哺乳动物中的啮齿类。啮齿类寿命不长,一般不过3年,但是裸鼹鼠能够活到30岁以上。这10倍的长寿从哪里来?这就是科学界的兴趣所在。科学家们发现,这些古怪的动物没有随着年龄而衰老的迹象,到死一直可以繁殖,并且外貌和大脑组织都不会衰老。一般的哺乳动物随着年龄增长,都会骨骼变脆、脂肪堆积,但是裸鼹鼠不会,尤其是心血管系统,裸鼹鼠的血管始终保持弹性,不会有心脏泵困难之类的问题。不但如此,裸鼹鼠不患癌症,没有痛感,总之没有人类的老年病症。而人体93%的基因与裸鼹鼠相同,因此世界各国的科学家们都在研究,希望从科学角度解释裸鼹鼠"长生不老"之谜,为人类的长寿服务。

静下来想想,有时候也会觉得奇怪:难道这丑陋不堪的裸鼹鼠,就是我们人类寻觅中的希望——我们的长寿之星?

生死之辨

说到现在,讨论的都是动物,如果拿动物年龄去和植物中的大树相比,那就是小巫见大巫。就说美国加利福尼亚州的巨杉(*Sequoiadendron giganteum*)(图6.4A),俗称"世界爷",既是世界上最大的树,又位居最老树木之列,老的竟有3000多岁,比长寿动物高一个量级。但是真正的年龄冠军属于无性生殖的树,比如2004年在瑞典发现的欧洲云杉,这棵树4米高的树干看上去相当年轻(图6.4B),但其根系已经有9500年,当初的干枝早已消失,现在的树干是自我克隆

图6.4 世界上的长寿树。A.加利福尼亚州的巨杉("世界爷",可达3000多年);B.瑞典的欧洲云杉(9500年);C.犹他州的颤杨"潘多"(8万年)

的产物。尤其惊人的是美国犹他州的颤杨（*Populus tremuloides*），也叫作"潘多"（Pando）（图6.4C）。这是由47 000棵树组成的"树林"，占地43万平方米，重达6600吨，而所有这些树的根系是共有的、基因是同样的，根的年龄已经有8万年。换句话说，所有这4万多棵树都是同一棵8万岁老树无性生殖的结果。

这样就提出了一个严肃的问题：什么是生物的年龄？瑞典的那棵欧洲云杉，或者犹他州的"潘多"，现生的树干都不过几百年，但是根系已经几万年，哪个才算是年龄？这类问题不仅植物有，群体的动物也有。深海的冷水珊瑚，长得像植物一样，顶端活着的虫体靠从海洋上层降下来的有机质为生。如果把下部石化的骨骼拿去测年，往往会测到几千年的高龄，说明这株珊瑚群体已经在这里生长了几千年，可见群体动物和单体动物的年龄概念并不相同。

其实更为重大的概念差别在于微生物。差异最为突出的微生物在深海海底，那里有全球最大的微生物群落，总共占到全球微生物生物量的12%—45%，几千米厚海水底下的深海沉积里，甚至在深海底下的玄武岩里也有微生物生存。它们的生存空间就是沉积颗粒间的孔隙和岩石的裂隙，几千米海水的高压加上地壳深处的地热，真的是生活在"水深火热"之中。尽管它们的生活质量不值得羡慕，但是新陈代谢却极其缓慢，往往享有万年、十万年的高龄。

这类在极端环境下长期休眠的微生物，有着不可思议的生命力。甚至亿万年前的微生物，已经进入化石状态，但只要出现适宜条件，休眠的细菌就可以苏醒。1990年代，科学家研究多米尼加琥珀中的无刺蜂（图6.5A），把蜂身上的杆菌提取出来，居然还能培养复活（图6.5B），而这块琥珀至少是2500万年前的化石。更老的是墨西哥的岩盐，科学家从岩盐晶体的液态包裹体中，分析出活的细菌，这块岩盐是二叠纪的，距今2.5亿年。2010年国际大洋钻探329航次，在南太平洋极其贫养的深海底里采样，从海面以下6000米、海底以下75米的沉积物里，激活了封闭环境下长期休眠的古细菌，竟然是一亿多（10 150万）年前的"老古董"（图6.5C—F）。

以上种种发现，提出了一个哲学问题：什么叫"生"，什么叫"死"？如果一个

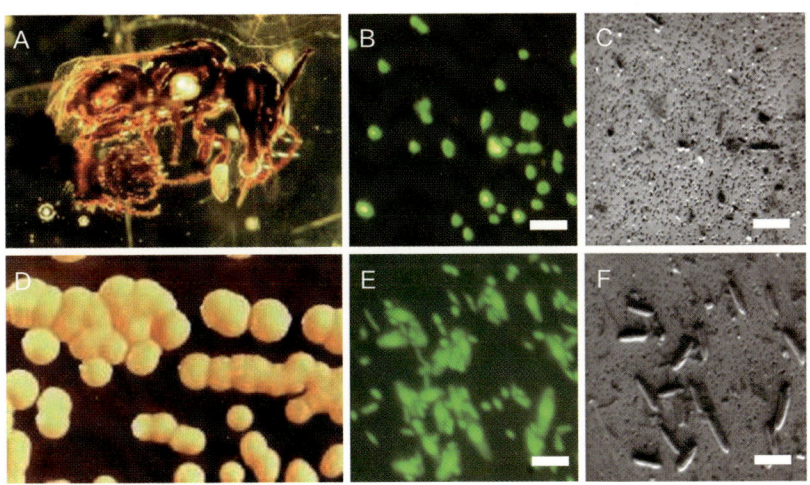

图6.5 激活苏醒的古细菌。A.2500万年前琥珀中的无刺蜂；B.从无刺蜂提取并培养成功的杆菌；C—F.南太平洋深海沉积中激活的一亿年前的古细菌，C和E、D和F为同一批标本的不同成像，标尺为5微米

生物，休眠一亿年还可以激活苏醒，那么"死"对它还有什么意义？对于人类来说"死生亦大矣"，而对于一些低等生物来说，"生"和"死"本来就是同时发生的。细胞分裂的无性生殖，原来的一个单细胞生物变成了两个，你说那究竟是"死"还是"生"？不仅是单细胞生物，有不少动物的性交就意味着死亡。螳螂羽化变为成虫，过十来天后就开始进行交配，交配时间不短，可以有2—4个小时，这时候雌螳螂就可能把雄螳螂吃掉了，这就是所谓"妻食夫"现象。不单是昆虫，哺乳类里的袋鼩、缟狸之类，雄性个体在性成熟后，经过疯狂的长时间交配，随后就会衰竭死亡。鱼类的生殖洄游，不远千里返回到出生地产卵，往往随后也就死亡。所以说，动物与人类不同，"婚丧一条龙"的现象并不罕见。

具有智能的人类，大概是最关心自己寿命的动物了。尤其是历代的皇帝，都希望"九五之尊"能够延寿。秦始皇派徐福率童男童女出海求仙，恐怕是历史上最为兴师动众的延寿之举。后来的皇帝大多依靠炼丹延寿，可惜全都效果不佳，反而促寿早死。不过对于长寿的提法还是有所不同：老百姓只能"长命百岁"，"万寿无疆"属于皇帝的专利，中间相差两个数量级。当然历史上也有另一种态度,比如看破生死、鼓盆而歌的庄周,认为"富则多事,寿则多辱",并不以为长寿就是好事。近代人里更为极端的是国学大师钱玄同,他是钱三强院士的父亲,他干脆主张"人到四十岁就该死,不死该被枪毙",所以到了他四十岁生日那天,胡适他们恶作剧,写了悼亡诗追问他为什么还不去死。

快生活与慢生活

25年前有位科学家发现:哺乳动物的心跳速度和体形大小同寿命长短有关系。体形和寿命相关,小哺乳动物的寿命短,大哺乳动物的寿命长,大象的寿命比老鼠高一个数量级(图6.2);心跳也是,老鼠的心跳1分钟600—700次,大象的心脏1分钟只跳25—30次。如果把各种哺乳动物心率的对数和期望寿命相对照,可以明显看出两者之间的相关性(图6.6)。最大的动物鲸类的心跳最慢,蓝鲸在海面呼吸时每分钟

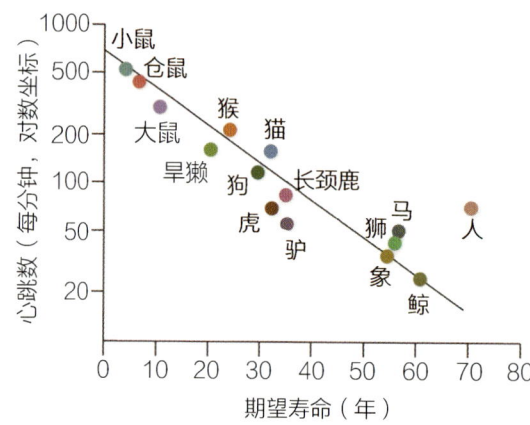

图6.6 哺乳动物心跳平均数的对数和期望寿命之间的关系

有25—37次心跳,而下潜到深海时心脏每分钟只跳4—8次,最低时只有2次,达到了生理学的极限。

因此,日本的本川达雄写了一本非常有趣的书叫《大象的时间,老鼠的时间》,说是老鼠的寿命和大象的寿命差得远,但它们一生中的心跳总数却是大致相同的。不同体形的动物代谢率也不一样:老鼠虽小,但4天就能吃下和自己体重相等的食物;牛的个头大,想要吃完相当于自己体重的食物得花一个月。

所以他认为,不同类型的动物生活在不同的时间世界里,大象总是慢悠悠的,老鼠却永远匆匆忙忙。对它们来说,时间流逝的速度并不相同,也就是说动物对于时间的"世界观"是两样的。

如果跳出哺乳类的圈子,看一下整个生物世界,这种"世界观"的差别就更加明显。尤其是微生物,上一节里介绍了在极端环境,甚至石化状态下,可以有休眠亿万年的细菌。可千万别以为微生物都在休眠,相反,正因为个体细小,生命活动可以更为强烈。生物是通过表面和外界接触来实现新陈代谢的,而微生物的表面积和体积的比例特别大,因此和个体庞大的门类相比,细菌的生产力最高(图6.7左)。一个微米级大小的细菌,新陈代谢的速率可以比人类高出10万倍。有一种海洋细菌 *Beneckea natriegens*(图6.7右),在实验室最佳条件下,不到10分钟就能分裂一次,每克干重所产生的能量相当于2千瓦。说形象些,质量相当于100个人的 *Beneckea natriegens*,能够产生出1000兆瓦的能量,相当于一座核电站!

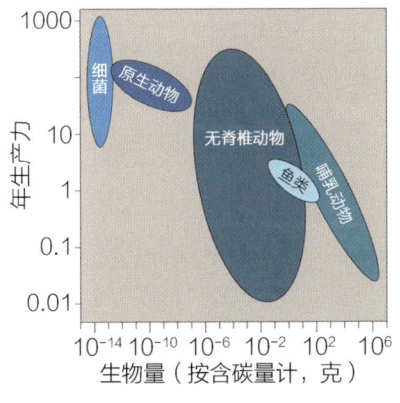
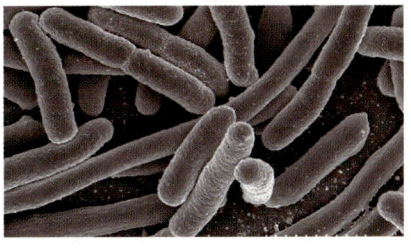

图6.7　微生物的能量生产。左:各类生物的生产力和生物量的关系;右:10分钟分裂一次的海洋细菌 *Beneckea natriegens*

然而这些过着快生活和慢生活的不同生物,一道居住在地球上。陆地上大家看惯了不觉得,一旦深潜到了海底,面对这两者的反差就会大吃一惊。深海底里有大生物分布的地点不多,在深海热液的出口,富含多种元素的高温热液从黑烟囱喷出,附近就有极大量的管状蠕虫密集分布,还有多种贝类生活,并且引来了螃蟹等,拥挤不堪。相似的是冷泉口,从海底不断冒出的气泡,提供可燃冰分解出来的甲烷气,周围就有层层叠叠的贻贝聚集成堆,还有密密麻麻的螃蟹铺满海底(图6.8A)。这些都是深海海底生物分布的热点。广大的深海海底缺乏营养来源,热液和冷泉宛如沙漠里的绿洲,来这里抢营养的生物都是"快手",过的是"快生活"。只是好景不长,热液和冷泉都并不稳定,喷口很容易移

图6.8 南海深海底的快生活与慢生活。A.冷泉口密集的贻贝和螃蟹群;B.玄武岩上的冷水柳珊瑚

位,烟囱也容易倒塌,于是"树倒猢狲散",只是留下了"快生活"来客的成堆遗骸,变成坟堆。

形成反差的是深海珊瑚林。几千米深海底的玄武岩上也会有"园林",不过在这永恒的暗世界里造林的不是植物而是动物,那就是柳珊瑚一类的"软珊瑚"(图6.8B)。热带浅海的造礁珊瑚是"石珊瑚",体外有碳酸钙质的外骨骼,体内有虫黄藻共生,虫黄藻的光合作用为珊瑚提供营养来源。生活在黑暗世界里的深海珊瑚不可能有虫黄藻,全靠珊瑚虫自己去捕获营养,它们的食物只有"海雪",也就是从上层海水掉下来的微小浮游生物的尸体和粪便,谋生的效率差得多,生长速率也就慢得多。一株柳珊瑚上百年才能长1厘米,夏威夷测到过很老的深水珊瑚,年龄和埃及金字塔差不多,过的是典型的慢生活。

陆地上快生活和慢生活的反差,人类早已司空见惯,而且两者之间的转变,正是不少故事的源头。所谓"昙花一现",就是最为突出的转变。只不过"昙花"这名词用得有点乱,佛经里的"优昙钵花"现在被认为是无花果树的一种,花是看不见的;也有人把昙花说成是隋炀帝下江南看的"琼花",琼花的花期不算短,能开一两个月,现在是扬州的市花。真正的"昙花一现"是指 *Epiphyllum*,属于仙人掌一类的肉质灌木,来自热带干旱地区,漏斗状的大花芳香高雅,只有在夏季的夜里开放几个小时,一年里总共只开1—4次。

像这种蓄芳全年只为绽放一时的花,并不只有昙花。现在要是论名气排行的话,应当首推日本樱花。樱花的花期比较短,日本俗话说"樱花七日",花的寿命一般只有4—10天,而且单就一朵花来说,樱花也显得很单薄。但在日本人眼里的樱花,美就美在盛开时的热烈与绽放后飘落时的孤高纯洁和壮烈。虽然单朵单株的樱花树并无奇特之处,但当千百株樱花树簇拥聚集在一起、竞相绽放的时候,就能感受到不寻常的气势和力量(图6.9左)。日本樱花有上千年的历史,虽然名义上日本没有国花,但是樱花和代表皇族的菊花就相当于国花。据说这和日本的自然条件有关。作为地处板块边缘的岛国,日本很容易受到地震、海啸之类的天然灾害的影响,反映在人生观上,就会感到人生就如樱花一般短暂无常;当繁盛的樱花衰败时,日本人便会产生繁华已去的悲凉之感。由此,日本人既欣赏樱花之美,也对其壮烈"牺牲"的傲然品性极为钦佩。

正是樱花的这种品性,对日本武士道精神产生了深远的影响,所以历史上樱花成了武士道精神的象征(图6.9右):一生应当同樱花一般,纵使短暂,也得绚烂;假如死亡,也需果断。绽放时美不胜收,凋零时艳丽一瞬。随着第二次世界大战的失败,日本各地的大量樱花也在美军空袭中烧毁。败战后的日本,樱花作为军国主义的一种象征,曾经一度受到忌讳,成为需要回避的花种。20世纪五六十年代,大阪、东京发起的重新种植樱花运动开始在日本各地展开。配合1964年举办东京奥运,日本政府更是积极推动樱花栽种,借以重建国民对国家的认同感,同时也将樱花作为推广日本旅游的法宝。现在,樱花在日本人心目中的地位重新回到顶点,甚至超越了战前的盛况。

图6.9 日本的樱花。左:满树盛开的樱花;右:樱花和武士道

"世界末日"

科学源自好奇心,宗教源自恐惧感,而最大的恐惧来自死亡的威胁。不但是个人,当人群一起面临灾难威胁时,死亡之惧尤其强烈。试想,岛民眼看着附近火山口冒烟,谁也不知道它哪天会爆发,怎能不畏惧火山之神?所以末日文化在宗教界相当普遍,而影响最大的莫过于基督教的"世界末日"(Doomsday),也就是说人类文明的整体毁灭。虽然"世界末日"的来历可以追溯到更加久远,

但现在所说的源头都是《圣经·新约》的"启示录",说是耶稣基督将要二次降临,进行最终的审判。作为《圣经》里的最后一章,"启示录"留下了太多的发挥余地和不同的解释空间,因而围绕着"世界末日",历史上不知道出现过多少次轰动事件。

有些早期的故事现在听起来十分荒唐。比如英国占星家曾经预言,人类将在公元1524年迎来第二场"大洪水",而源头就在泰晤士河,结果还真有大约2万人弃家逃到高处去避灾。19世纪初有一名自称是先知的英国女士,断言自己以后怀上的孩子就是耶稣,1814年圣诞节耶稣将借助她的身体再次降临人间。其实这是一位已经64岁的老太太,在那年没有生育就去世了,可是她所吸引的信徒据说有10万人之多。

随着科学的发展,有人将"世界末日"和天文、地质的灾害挂钩,借助科学的"依据"加强煽动效果。有人估计,各种版本的"世界末日"预言至少有200种,其共同特点就是都没有发生。尽管以往的"预言"一次次被"放鸽子",却不能影响后人提出新预言的热情,只是产生的轰动效应各有不同。近代史上引起最大震动的一次,恐怕就是2012年"世界末日"的预测,因为打的是"玛雅人预言"的考古旗号。

南美洲墨西哥一带的玛雅人,从4000年前定居,到公元8—9世纪衰落之前,曾经创造过辉煌的"中美洲古文明",而独特的"玛雅历法"又是其中的一大亮点。玛雅人记数采用20进制,计时的历法也有多个层次,完整的玛雅历覆盖5000多年,其起点在公元前3114年的8月11日,而计算的结束是在公元2012年的12月21日。这一"发现"成了"末日论"的宝贝:玛雅历的终点,不就是"世界末日"吗?

于是,"2012年12月21日将是世界末日"成为一时间的特大新闻,不但是街谈巷议的热门主题,而且在知识界也不胫而走。其实这不过是个有意的曲解,墨西哥人就曾站出来解释:玛雅人并没有"世界末日"的概念,2012年12月21日不过是"玛雅长纪历"重启的日子,这就像汽车行驶了99 999.9英里,里程记录会重新归零一样。然而这种风一刮起来是止不住的,出来推波助澜的还有科学界。当时学术界也在传播"超级太阳风暴"的警告,说是2012年可能会发生有记录以来最为严重的太阳异常活动,所产生太阳风暴的强度将远远超出地球磁场和大气层的阻挡能力,从而引发世界末日级别的灾难。不过和"世界末日"一样,这场预测的"风暴"并没有发生。

图6.10　末日预言电影——《2012》

随着"2012世界末日"的接近,全球规模的特大炒作也愈演愈烈,西方世界固不用说,即便中国也在所难免。不仅有的地方出现了分发传单、散布"世界末日"谣言的不法之徒,而且还真有人想方设法去消灾避难。不过要说"2012世界末日"之所以能炒作到如此程度,光靠历史考古或者科学推论的力度都还不够,还必须有艺术感染的介入。最有力的推手还是来自好莱坞,具体说就是美国的科幻灾难大片《2012》(图6.10)。这是哥伦比亚公司斥资2亿美元制作的灾难巨片,讲的是2012年底,一家人在度假时遇到了玛雅人预言中的"世界末日",于是为了求生而艰难跋涉。影片在绚丽地展示了特效场面之后,将看似不可收拾的灾难化险为夷。这部片子在2009年放映之后影响极大,尽管评论意见毁誉不一,回收的7亿多美元票房可都是真金白银。

实际上科幻灾难片在美国早已有悠久历史,《2012》只不过是又一次的成功。既然"末日文化"有如此巨大的影响力,科学界也会着手利用,用来宣传自己的主张。芝加哥大学的《原子科学家公报》,是由原来参加过"曼哈顿计划"制造原子弹的美国科学家发起创办的,有17位诺贝尔奖获得者参加。出于对人类受核武器威胁的强烈意识和责任感,他们在1947年发起设置了一架象征性的"末日之钟"(Doomsday Clock),通过将指针往前拨或往后拨,时不时地向世界宣布,现在人类距离毁灭性战争或者其他危险还有多远,属于科学界表达政治主张的一种形象化举措。比

图6.11 芝加哥大学的"末日之钟"。2022年初,宣布离"世界末日"只剩100秒钟

如2022年元月,宣布距离"世界末日"只剩100秒钟(图6.11)。

文化现象无论影响多大,总会带有区域性的色彩。"世界末日"和圣诞节一样,都属于西方文化,在炒作2012年"世界末日"时,有些中国作者不甘寂寞,硬把中国故事往上扯,从唐代的《推背图》到刘伯温的《烧饼歌》都搬了出来,但是无论怎么解释都显得别扭。不错,各种文明都曾有过各种"预言",中国历史上出现过不少所谓"预言书",但是"世界末日"就像人生来就有"原罪"一样,只是西方文化、而不是东方文化的特色。亚伯拉罕诸教,无论是犹太教、基督教,还是伊斯兰教,都膜拜救世主,也都相信"世界末日"。

可是东方的儒家并没有这类"末世情结",孔子的基调是"未知生,焉知死";而印度教和佛教主张"因果报应,转世轮回",并没有大千世界会一道终结的说法。佛教主张生死流转永无终期,犹如车轮旋转不停一般,并且这种转世投胎并不限于在人道轮回,而是扩展到了"六道轮回"。所谓六道是指众生轮回的六种世界,包括天道、人道、阿修罗道的三善道和地狱道、饿鬼道、畜生道的三恶道。我们通常只看见人道和畜生道,要到庙里才会见到这"六道"的完整形象(图6.12)。简单说来,佛教里人死之后究竟是升入"天道",还是继续投胎"人道"做人,或者堕落到地狱道、饿鬼道、畜生道,是要依据各人在世时的所作所为

图6.12　重庆大足宝顶山的六道轮回石刻

与心性逐个处理的,并不主张会有"世界末日",需要焦急地等待某位救世主的二次降临,前来执行人类共同的死刑。

为地球"诊脉"

"世界末日""转世轮回"说之所以能够流传几千年而不衰,其根子应该是人类生命的局限性。前面我们说过,老鼠和大象各自生活在不同的时间世界里,其实人类以其百把年的寿命,同样只能生活在有限的时间世界里,超出了界限只能盲目猜测。所不同的是,因为产生了智能,人类的认知可以在时间尺度里向两头延伸:在长尺度上拓展到久远的过去,在短尺度上提升到更高的时间分辨率,而这种拓展首先反映在人类计时的尺度上。

计时的基础,都是循环运动的周期性。循环运动无处不在,小到原子里的电子跃迁、细胞内的胞质环流,大到全地球的地幔环流、银河系围绕银心的自转,都是周而复始的循环,只不过繁简不一、尺度悬殊而已。地球的循环运动决定了人类活动的节奏,也就提供了计时的标准。古人"日出而作,日入而息",因为白天便于耕种,黑夜宜于睡眠,这便是"天";"春耕夏耘,秋收冬藏",季节的更替便构成了"年"。如果想要加宽时间尺度,就需要发展计时的技术。

人类计时有两种系统:一种是天文计时,一种是物理方法的计时。我国古代就有利用太阳角度定时的日晷,看不见太阳的时候可以用沙漏、水钟定时。当古人不能以日晷和沙漏为满足的时候,就出现了种种机械计时的尝试,其中一个重大进展是钟摆的发明。到1929年,出现了利用石英晶体振动计时的石英钟,每天误差只有千分之二秒,"二战"后精度又提高到30年才差一秒。很快,测年的技术又推进到原子层面,1948年出现第一台原子钟,1955年又发明了铯原子钟,利用 ^{133}Cs 原子的共振频率计时,现在精度已经提高到每天只差十亿分之一秒。计时的基础也变了:1960年全球约定,1秒钟的定义是自历书时1900年1月0日12时起的回归年长度的 1/31 556 925.974 7;到1967年,这种定义已被原子钟所取代:1秒钟是 ^{133}Cs 原子在两个能态之间周期性振荡 9 192 631 770 次的时间。

如果读者从这些数字里找不到感觉,那我们就来换个角度,从高速摄影的发展看时间分辨率的提升。1930年代,美国的埃杰顿(Harold Edgerton,1903—1990)发明了电子频闪技术,将摄像曝光的时间缩短到10微秒,被誉为"高速摄影之父"。人的眼睛每秒通常只能识别二十来帧图像,而埃杰顿的摄像提高了成万倍的分辨率。这下子就出现了奇观:1964年他制作了照片《穿过苹果的子弹》,一颗子弹以每秒850米的速度打穿苹果(图6.13A)。另一幅名作是《牛奶滴皇冠》,他抓住了牛奶滴落后溅起的形状(图6.13B),虽然拍下的只是百万分之一秒的瞬间,可是据说为了追求完美,埃杰顿从1935年着手设计,直到1957年才摄制完成终于发表。溅起的皇冠有24个完美对称的小柱,照片被美国现代艺术博物馆收藏,成了美国高速摄影学会的标志。

埃杰顿的照相真是给人类开了"眼界",使我们看到了从未见过的奇景,比

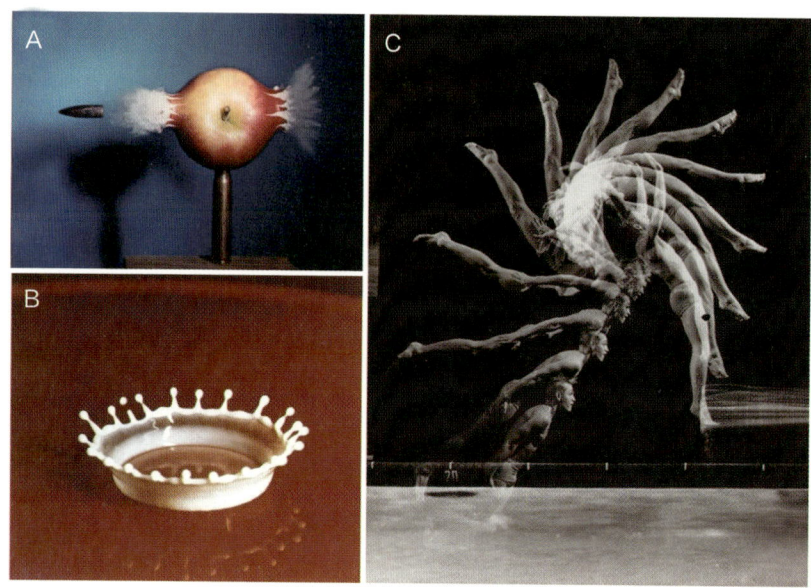

图6.13 "高速摄影之父"埃杰顿的经典作品。A.《穿过苹果的子弹》;B.《牛奶滴皇冠》;C.运动员的瞬间动作

如运动员优美绝伦动作的连续镜头(图6.13C)。但是埃杰顿并不承认自己是艺术家,只是说"我是个工程师"。确实,在源头创新的智慧高层,谁能分得出科技和艺术的界限在哪里?而且学无止境,近年来的发展已经到了"飞秒摄影",把时间"放慢"150亿倍,从而能够捕捉到光脉冲的传播,为技术应用打开了更加广阔的大门。

时间尺度既要缩短,也要拉长。人类必须了解地球的历史,才能正确享用地球的资源、保护地球的环境,而地球已经46亿年,比人类的寿命高出8个量级。我们使用的天文周期包括年、月、日,和由此派生出来的世纪、星期、小时等,能够满足人类生命长度与日常活动的需要。但是在研究地球历史时,所有的这些天文周期都显得太短,动不动就要用几亿甚至几十亿年来表示,既不科学,又不方便。不科学是因为研究几十亿年前的地质历史根本达不到"年"的时间分辨率,不方便是因为无缘无故动用那么大的数字,就像平时生活中不用年、只用秒,每个人都要数到3000多万秒钟的时候庆祝生日,活到将近19亿秒的时候办理退休,听起来令人发笑。

那么,在日、月、年之上,还有没有更长一点的天文周期好用呢?还真有,这就是地球运动的轨道周期。地球在太阳系里的运行轨道,因为受到其他星球的影响,发生着缓慢而微小的几何形态变化,影响到太阳辐射量在地球表面的时空分布。虽然这些都是在万年以上的长周期,但是再小的变化只要日积月累,也足以影响地球表面的气候环境。其中适于用来计时的有两个:2万年的岁差周期和40万年的偏心率长周期。

先说岁差。地球沿着黄道围绕太阳转的同时,自身也在转;假如地球自转的轴和黄道面垂直,那地球上就不会有春夏秋冬。但是地轴是斜的,和黄道面有个约23.5°的夹角;而且转得并不稳,更像是个陀螺,边转边晃,这就是岁差(图6.14A)。为什么要晃?因为身边有个月球在吸引,总想把地球的轴"扳直",扳不直就晃(图6.14C)。现在的地轴延伸出去是指向北极星,但是晃动使得地轴的方向不断变化,发生偏离。经过2万多年晃完一周之后,再回到现在的方向,这就是岁差周期。

偏心率比岁差容易理解:就是看黄道圆不圆,偏心率越大黄道越像椭圆形,黄道圆了偏心率就归零(图6.14B)。偏心率和岁差都影响着气候的季节性,偏

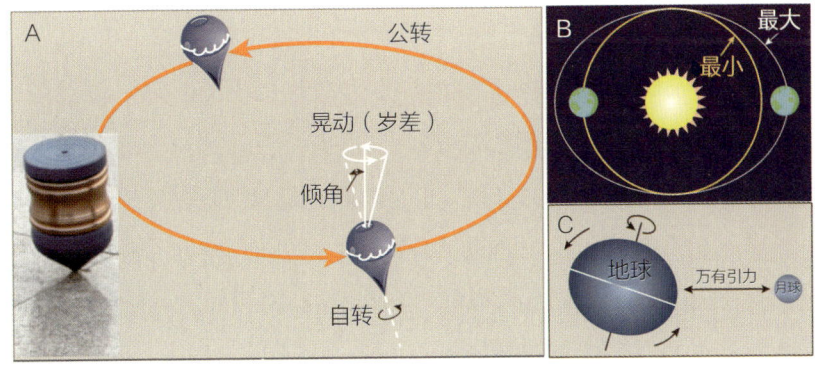

图6.14 地球轨道运动的岁差和偏心率。A.岁差是地球自转轴作陀螺般的晃动;B.黄道有点椭圆,当偏心率最小时就成为圆形(黄色);C.地球和月球的相互作用引起地球自转轴的晃动,造成岁差

心率越大季风越强。在40万年的周期里,偏心率从低值增高再回到低值,全球的季风也从弱到强再重新变弱。

这些万年以上的天文周期,拓展了人类计时尺度的上限。如今2万年岁差周期和40万年偏心率长周期,已经开始在地质历史研究中用作计时单位。尤其是40万年偏心率长周期,由于其时间长度最为稳定,可以用来编制地球历史的"万年历"。以现在作为起点从新到老编号排序,把当前的偏心率长周期定为第1期,于是270万年前北半球冰盖形成的时候就属于第7期,600万年前地中海变干是第16期,6600万年前恐龙灭绝是第162期,如此等等。这种40万年的周期并不是数字游戏,而是硬碰硬的地质记录,在野外往往用肉眼就能看到偏心率造成的沉积韵律层(图6.15A)。比如西西里岛的观光客,游泳时躺下晒日光浴的厚层石灰岩,就是当年偏心率最小值时候的产物(图6.15B)。

除了计时之外,40万年偏心率长周期还可以帮助我们理解地球气候环境的变迁。既然偏心率控制着全球季风的盛衰,那也就控制了地球的水文循环和大洋的碳循环。科学家拿深海地层的沉积物到实验室里做分析,发现氧、碳稳定同位素都有清晰的40万年周期(图6.15C),这就是地球上气候环境变迁在水文循环和碳循环上的反映,这种变化节奏被喻为"地球的心跳"。

找到了地球的"心跳",就可以进一步像中医那样为地球"诊脉"。地球表层的大气、海洋、岩石和生物构成了一个相互联系的完整系统,牵一发而动全身。40万年偏心率长周期作为地球系统运作的"脉搏",提供了窥探水、碳循环运行状态的窗口,是诊断气候系统的切入点。现在,在十几亿年来的沉积地层里都已经看到了40万年长周期的"脉搏",但是时隐时现,并不整齐。当地球系统正常运作时,"心跳"有序,"脉搏"正常。一旦发生大量火山喷发,或者极地冰盖快速发展时,就会"心律不齐",大洋同位素的40万年的周期会受到干扰,甚至消失。不过地球系统的"脉搏"只是科学家们新世纪的新发现,真要像中医那样为地球"诊脉",恐怕还要再经过几十年的钻研。

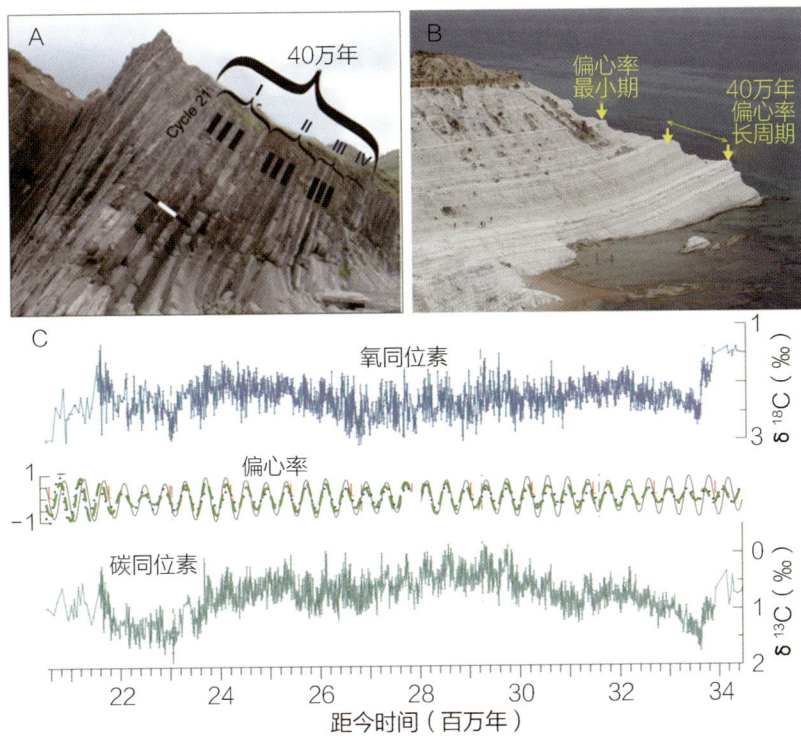

图6.15 地球的"脉搏"——40万年偏心率长周期的地质证据。A.西班牙6000万年前的沉积地层记录(I—IV标志4个10万年偏心率短周期,黑条标志2万年的岁差周期);B.意大利西西里岛海滩的沉积地层记录(厚层石灰岩相当于偏心率最低值);C.两三千万年前大洋海水的氧、碳同位素显示出40万年偏心率长周期

转累了,地球?

"今人不见古时月,今月曾经照古人。"诗人仰望天空,感悟到"月"和"人"时间尺度的不同,人间不知道更换了多少代,天上还是那轮皓月当空。智人演化产生至今不过30万年,而月球45亿年来高悬如故。不过你想过没有:如果5亿年前的三叶虫也能爬上岸来赏月,看到的月亮会是什么样?

5亿年前看到的月亮,要比"今月"大得多:月球是在逐渐离开我们而去的。

现在的月球正以每年3.8厘米的速度离开地球，5亿年前的速度不得而知，但是肯定比较靠近地球，所以看起来也就大得多。上一节刚说过，因为月球离地球最近（图6.14C），地球上的潮汐作用主要来自月球的吸引力。潮汐摩擦消耗了巨大的能量，一边使得地球自转变慢，一边使得月—地的距离加大。

地球的自转是很快的：赤道全长4万千米，赤道上的转速远远超过了音速，所以说"坐地日行八万里"。但是我们对这种快速转动谁也没有什么感觉，有人晕船有人晕车，可从来没有人"晕地球"。其实这种快速转动也不是永恒不变的：地球的自转在逐渐变慢。地球产生的早期，月球离地球近，地球转速也更快。对于这种变化我们谁也感觉不到，但是地质科学家有证据：化石的证据和沉积的证据。

化石证据首先来自4亿年前的珊瑚。现在造礁的珊瑚都是群体的，那时候有一种单体珊瑚也有碳酸钙骨骼，表皮上有树木年轮那样的生长纹，而且纹路粗细不一，反映出生长速率随着潮汐起落、昼夜交替而发生的变化。如果对留下的"日生长纹"进行仔细观测，就可以分辨出年、月、日的周期来。用珊瑚化石建造"古生物钟"的思想，最先由我国海洋地质学先驱马廷英（1899—1979）教授在1930年代提出，30年之后美国科学家着手研究珊瑚化石的生长纹，首次发现4亿年前一年不是365天，而是将近有400天（图6.16A、B）。

"古生物钟"的概念，打开了追溯地球运转历史的一条途径。不仅是珊瑚，别的化石也有生长纹。有一种微生物形成的化石是一层层叠加起来的，我国有人根据这类"叠层石"的生长纹（图6.16C），发现在12亿年之前，一年居然有460天之多。即便更老的地层里没有化石，沉积层里面也会有潮汐周期的记录，据此也可以推测20多亿年前每年的天数。进一步的研究，又提出了4亿年前每年有13个月、每天不足22个小时的观点。引起这种种变化的"祸首"就是月球，但是我们的知识有限，只知道月球离开地球的速度从每年2厘米加快到现在的3.8厘米，至于月—地距离变化的具体历史并不清楚，遑论太阳系里其他星球的运转史。

太阳系里99.86%的质量集中在太阳本身，剩下的一点质量又有90%以上

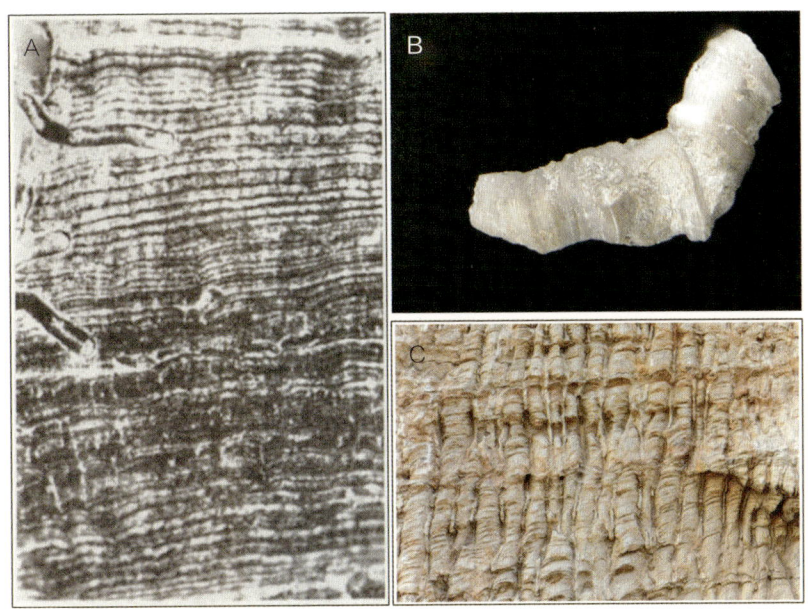

图6.16 "古生物钟"。A.美国泥盆纪(距今4亿—3亿年)单体珊瑚的生长纹；B.珊瑚化石的整体；C.天津十多亿年前的叠层石

集中在木星和土星，地球只占太阳系质量的百万分之三，在万有引力的天体运动中身不由己，难免要接受其他星球的摆布。在太阳系形成的初期，随着星云的凝聚形成了各大行星，形成之后还继续有星子、星胚的相互碰撞，所以行星的运行轨道各不相同(图6.17)。比如说自转，内行星里就是地球和火星转得快。

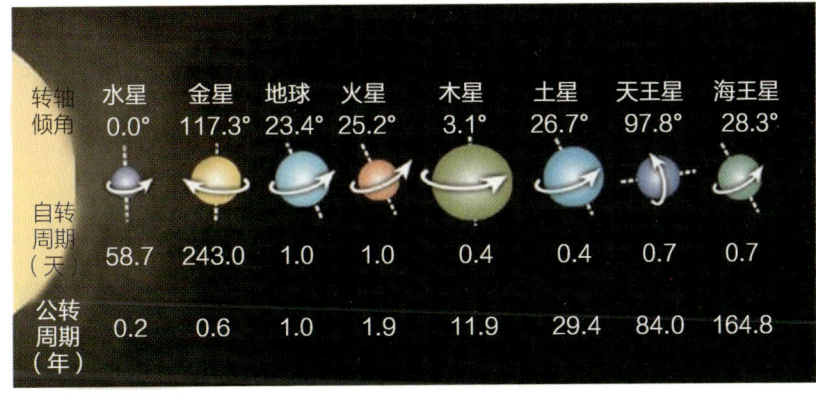

图6.17 太阳系八大行星运转的比较(所用时间都是地球单位)

而金星的自转方向和其他行星相反,是从东向西转的,所以在金星上"太阳从西边出来"。不过金星自转一圈的时间比公转一周还要长,金星的一天相当于地球上的200多天,因此不可能像在地球上那样早晨起来欣赏日出。再比如天王星的自转轴倾斜度有98°,简直就像是在公转轨道平面上"躺着打滚",而且天王星公转很慢,一年相当于地球的84年,南北两极各有42年黑、42年亮,但是得到的太阳辐射量却是极地比赤道还多。

所以说,各大行星都有自己的运转历史,但是目前能说得出点眉目的还就是火星。太阳系各大行星中火星的研究程度最高,一则因为离地球近,再则火星的大气稀薄,大气压力尚不及地球的百分之一,便于空间探测。目前科学界已经编制出火星的地质图和地质年表,追溯出了火星表面大体的演变历史。火星的地貌特征基本上都是在30亿年前由星体撞击和火山活动所造成,近代发生的重大变化是两极的冰盖。北极的冰盖大,南极的冰盖小,但都有大约3000米厚。从火星北极上部沉积地层的亮度曲线看,存在着水冰与降尘互层的近30米韵律,经过与夏季辐射量的变化进行对比,推测应该是相当于地球5万年的火星岁差周期(图6.18)。但是火星自转轴很不稳定,倾角超过40°时极地得到的太阳辐射量增多,使得冰盖消失,而现在火星的北极冰盖,推测就应当是最近400多万年来的产物。

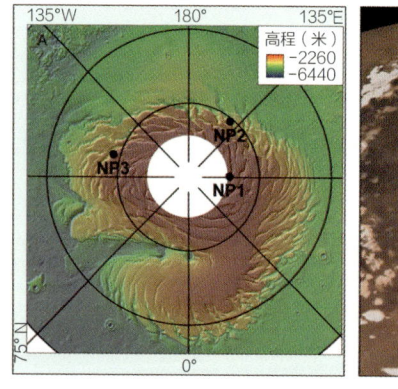 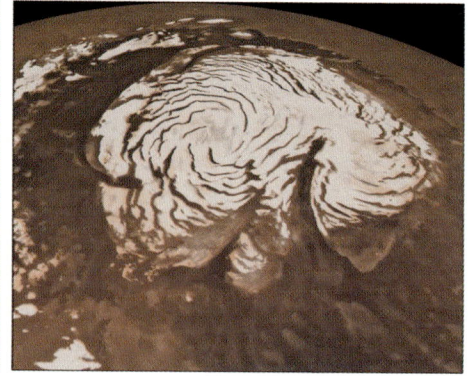

图6.18 火星北极冰盖与冰期旋回。左:北极区地形图;右:北极区卫星图,白色冰层与螺旋状暗色条带的交替记录了火星的冰期旋回

"地球生理学"

人生苦短。与地球历史的时间尺度相比,你我只相当于"不知晦朔"的朝菌。在地质记录里,可以说"沧海桑田寻常事,翻江倒海只等闲",沧海桑田、翻江倒海都是地球史上的家常便饭,只因为人寿太短才会大惊小怪。就说"沧海桑田",那是冰期旋回的必然现象,冰盖增大海水退去,东海就是那样,2万年前末次大冰期海水退去陆架出露,从上海可以步行走到东京。冰期10万年一个周期,道教里有位麻姑仙子自谓"已见东海三为桑田",屈指算来她就得有二三十万岁的高龄。至于"翻江倒海",那是地壳构造运动的结果,并没有那么频繁。东亚和南美大陆,都是原来东高西低,经过地形翻转变成西高东低,才有大江东流的。东亚是因为受印度板块碰撞,青藏高原隆升,产生了东流入海的黄河、长江;南美洲是因为太平洋板块俯冲,安第斯山脉隆升,产生了世界上流量最大的亚马孙河。

南美洲的东边早就有山地,所以两三千万年前的大河向西、向北注入加勒比海(图6.19A)。后来在加勒比海的海水入侵影响下,在南美的西部出现了巨大的佩瓦斯(Pebas)湖泊和沼泽(图6.19B)。到了1000万年前,安第斯山脉快速隆升,达到了4000米的高度,引起了南美的地形倒转与河系改组,形成了东流进入大西洋的亚马孙河(图6.19C、D)。现在,亚马孙河不仅是流量第一、长度第二的世界大河,而且其流域还是全球50%的热带雨林的所在地,茂密的陆地植物光合作用产生着大量氧气,我们呼吸的氧气有1/5来自亚马孙雨林,所以它有"地球之肺"的美誉。此外,这里也是陆地上动植物种类最多的地方,占全球物种总数的10%。

然而地球历史不仅有这种局部性的改变,还经历过更大幅度的全球性变化。六七亿年前,地球曾经被冰雪裹住(见第二章图2.6),尽管这项"雪球地球"假说至今还有争论,但是读者禁不住会问:如果是真的,那"雪球"怎么会形成,后来又是怎么融化的呢?答案当然还只能是种推论,推测当时超级大陆集中在热带地区,由于风化剥蚀快速消耗大气 CO_2,使其浓度降到了只有 150 μl/L,加上当时太阳的亮度只相当于今天的 95%,温室气体的低谷配上辐射量的低值造成寒冷气候,使得冰雪覆盖一直延伸到热带,包裹了整个地球。但是,来自地球内部的岩浆活动并没有休息,火山活动积聚的 CO_2 增加到一定程度,温室效应就会使得冰盖破裂,暴露出来的地面和海面又会吸收太阳能,进一步促使冰盖消融,又会导致"雪球"的崩解。

有趣的是生物,即便在"雪球地球"里也必定会有生物。推想它们是躲藏在海底的热液喷口区,那里既有热量又有营养元素,海冰薄的地方还可以进行光合作用。一旦"雪球"崩解,陆地上的营养元素随着河水涌入海洋,就会使这些"避难"中的生物迎来生机而蓬勃发展,导致大气 CO_2 减少、O_2 大增,终于发生了"寒武纪生命大爆发",出现了海洋生物的演化高潮。所以说,地球历史上

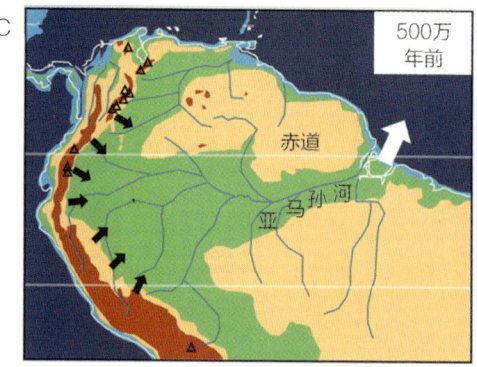

图6.19 南美亚马孙河的形成。A.2500万年前:河系沿着雏形的安第斯山脉注入加勒比海;B.1500万年前:形成佩瓦斯湖与海水联通;C.500万年前:形成东流的亚马孙河;D.现代:发育全球最大的河谷盆地和热带雨林

不仅有板块运动、火山活动,更有生物演化和地球表层发生相互作用,上演着一幕幕"地球演义"的好戏。

3亿年前,就有过一台这样的"好戏"。自从4亿年前海洋生物演化登陆,从海岸带的藻类逐渐扩展到内陆的树林,大地就开始披上绿装。因为植物的光合作用是要从大气吸收CO_2、放出O_2的,于是大气的含氧量逐渐升高,到了3亿年前大气的氧浓度逼近35%,远远高于现在的21%(图6.20A)。高氧的大气对动物的呼吸有利,尤其是昆虫,它们没有肺,是依靠身上的微型气管直接吸收氧气的,氧气浓度高了昆虫就可以长得很大。已经发现当时的蜻蜓化石个头特别大,翅膀伸直了有将近1米长(图6.20B)。当时气候湿热,热带雨林极为茂盛(图6.20C),出现了地球上最主要的成煤期,叫作"石炭纪"。石炭纪的森林既有高大的乔木,也有茂密的灌木。乔木中的木贼根深叶茂,树干直茎可以有20—40厘米粗;而石松挺拔雄伟,最高可达40米;蕨类植物是灌木林中的望族,占据了森林的下层空间。石炭纪许多森林发育在被水浸泡着的沼泽地里,死亡后陷入稀泥进入还原环境,有利于成煤。但是物极必反,大量的碳被植物和煤炭固定在地上,过度消耗了大气的CO_2,于是导致雨林崩溃,气候向干冷转化,终于迎来了冰期。

图6.20 3亿年前(石炭纪)的生物与环境。A.大气含氧量在地质历史上最高;B.巨型的蜻蜓化石;C.以孢子植物为主的森林景观

纵观地球历史,曾经多次上演比这惨烈得多的大戏,最著名的一出就是在6600万年前恐龙的灭绝。恐龙繁盛了一亿多年,不光在地面,连天上、水下都有,在地球上称雄一时,是什么原因使它们突然消亡? 出现过三种假说:新星爆发、火山活动和小行星撞击。有人猜想太阳系外面有新星爆发,产生的宇宙射线害死了恐龙,但是这种猜想没有证据。还有人认为原因在于火山活动,这种说法确实有一定道理,那时候真有大规模的火山爆发,只不过时间早了点。其实恐龙在灭绝前好几百万年就已经开始没落,那正是印度南部德干高原火山活动的时候。德干高原是个海拔500—600米的玄武岩高原,面积相当于一个四川省,曾经在100万年的时间里玄武岩浆多次溢出,同时喷出各种有害气体,包括上百亿吨的二氧化硫(SO_2),毒化了生存环境(图6.21A)。但是火山活动时

图6.21 6600万年前的恐龙灭绝事件。A.大规模火山活动威胁恐龙生存;B.墨西哥湾小行星的撞击坑(插图的红点表示位置);C.大西洋大洋钻探岩芯中的撞击记录;D.撞击造成的球粒层

间比较长、毒害的过程比较分散，不至于造成突然的大灭绝。突然灭绝应该还有直接的原因，这就是小行星撞击事件。

我们在第三章里说起过：1980年科学家在6600万年前的地层里发现了铱（Ir）元素的含量异常富集。铱是一种陨石里含量丰富的元素，是天体撞击事件的标志。接着又在深海大洋的地层里，发现在出现铱异常的地层下面有几厘米厚的球粒层，里面充满了毫米级的陨石球粒，这样就抓住了撞击事件的铁证（图6.21C、D）。但是，撞击事件又是在何处发生的呢？如果是陨石产生的球粒，那就应该离撞击地点越近，球粒层越厚，厚度分布可以用来指示撞击坑的位置。果然，所有的指标都指向墨西哥湾，最后发现是在墨西哥尤卡坦半岛上，靠近希克苏鲁伯（Chicxulub）城有一个圆环形的构造，直径180千米，一半在陆上，一半在海里，这就是那次撞击所造成的坑（图6.21B）。2016年大洋钻探在尤卡坦半岛外水深17米的浅海上打井，最后得到证明：一颗直径10千米大小的小行星，从侧向（45°—60°）撞击地球，这才是最后导致恐龙灭绝的"元凶"。

这次撞击事件对生物圈的伤害极大，有人估计有75%的生物因此消失。大洋钻探进一步确证了撞击事件，但是不足以澄清火山活动和撞击事件在恐龙灭绝中所起的作用。恐龙灭绝的主要原因究竟是火山还是撞击，几十年来一直存在争论，有人指出火山活动也会造成铱异常。无论如何，是外界的突发事件导致生物灭绝，对此并无争论。回顾地球上生命产生以来，曾经发生过多次灭绝事件，也出现过多次长达几千万年的大冰期，但接着大灭绝以后又出现了大辐射，一大批新兴的生物占领生态空间。"雪球地球"之后有"寒武纪生命大爆发"，恐龙灭绝之后哺乳动物蓬勃发展，一直到我们人类的演化产生。

为什么地球能够经受住一次次的灾难，始终保持着地球表面的宜居环境？这就让人不由得想起洛夫洛克的"盖娅假说"（第二章图2.16）。"盖娅假说"认为地球本身就是一个具有自我调节能力的超级有机体，出了问题能够自愈，为此主张研究"地球生理学""行星医学"。我们比较一下内行星的大气圈。在太阳系行星形成的早期，金星、地球和火星的情况应当相似，而现在火星的大气几乎丧失殆尽,表层温度只有-60℃,陷入失控的"冰室型气候";金星的CO_2浓集,表层温度高达480℃,变为失控的"暖室型气候"。唯独地球纵然逢灾受难、经磨历劫,却始终能够蓬勃旺盛、倔强峥嵘,个中道理就在于地球上有了生物圈,依靠着生物圈和地圈的相互作用,为生物保持着宜居环境。

刚说过"地球的心跳",现在又讲"地球生理学",难道地球真是个"超级有机体"?洛夫洛克的"盖娅假说"当然还只不过是种假说,但是生物圈和地圈之间的相互作用,却是个不容怀疑的事实。科学家研究地球表层的种种变化,再也不能满足于"头疼医头、脚疼医脚",而需要开创新路,采用系统科学的思路和方法。

人类中心论

现在再从地球回到人类自身。人的时空观,和本身的时空尺度相对应。人的身高主要由基因决定,但是人类产生的历史太短,还来不及有基因演化引起的身高变化,所以人类的身高,没有像寿命那样发生过重大变化(图6.1)。根据欧洲人的尸体骨骼测量,2000年来身高变化并不显著,只是在最近150年里,法国、意大利和北欧人的身高增加了13厘米,而美国在300年里净增只有几厘米(图6.22A),这点增高主要和营养相关。生活和医疗条件好了,身高也和寿命一样在增加。一个绝佳的例子是中国,经济腾飞改善了青少年成长的条件,近30年来中国19岁男生的平均身高一路飙升,现在已经位居东亚第一(图6.22B)。这里说的都是平均身高,不是指个人,篮球队里从来就不乏高度出众的"巨人"。个人身高的最高纪录是一位美国人瓦德罗(Robert Wadlow, 1918—1940),身高2.72米,体重220千克(图6.22C)。但这种高度可能已属病态,瓦德罗不幸在22岁时就英年早逝。

人类的身材体型和生理条件,决定了他的活动范围和能力。根据两腿的长度和力度,人类的运动速度不过每秒十来米;根据两眼的结构,人类的视觉范围

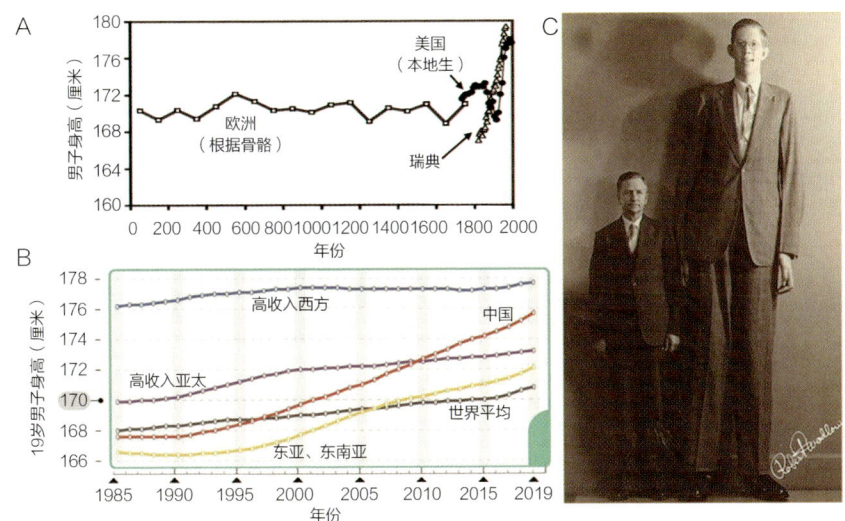

图6.22 人类的身高。A.2000年来男子平均身高变化;B.近30年来各国19岁男子的平均身高比较;C.身高的世界纪录:美国的瓦德罗身高2.72米,左边是其父亲

是400—700纳米的可见光波段;人类的听觉,也限制在20—20 000赫兹的声音频率范围之内。随着18世纪改良蒸汽机,20世纪发明火箭,使人类的运动速度克服了生理的和地球引力的限制,从而扩大了空间的视野。各种仪器设备的发明,也极大地拓展了视听的范围,但是人有一个基本习性至今难改:这就是"人类中心"的片面观点。

古人都以为自己生活在世界的中心。公元前10世纪的《荷马史诗》反映了古希腊人的世界观:以地中海为中心,南北都是陆地,地中海的中央是希腊(图6.23左)。《山海经》《易经》和《黄帝内经》号称上古三大奇书,虽然至今作者不明,但总归是先秦到初汉的作品。《山海经》里就是以"中原"作为世界的中心(图6.23右)。不仅是地理位置,凡事凡物人类都以自己作为标准,根据五官的感知去认识世界。这种"人类中心论"在科学发展的历史长河中,始终起着非常负面的作用。前面讨论过,"地心说"(见第二章图2.2,第五章图5.7)的基础就在于人类的偏见,总以为自己所在的地球,理所当然应该是宇宙的中心。

更加严重的问题在于行动:既然自己是"中心",就具有"主宰"的权利。人

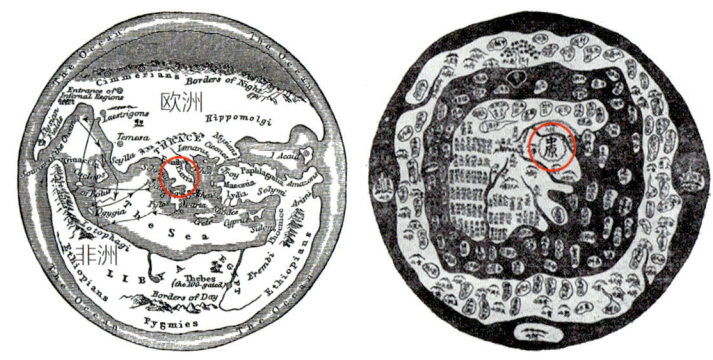

图6.23 古人都以为自己在世界的中心。左:《荷马史诗》中的世界:公元前10世纪古希腊人的世界观(红圈指示希腊位置,中文指示现代地名);右:《山海经》中的世界:先秦—初汉时期"中原"人的世界观

类自封为"万物之灵",以为"人定胜天",可以为所欲为。我国1958年"除四害",全民打麻雀,捕杀麻雀19.6亿只,农田害虫失去天敌,造成粮食严重歉收;英国2009年立项,计划用大气球将硫酸盐气溶胶送入2万米高的平流层,以期为地面降温,幸好这类"太阳辐射量管理"的"气候工程"被及时叫停,没有来得及产生难以预测的后果。自古我们把自然界看作"天","人定胜天"被解释为"人一定能够战胜自然",其实荀子提出"人定胜天"的思想是反对迷信上天、屈从于命运,应该"错天而思人",处理好人的问题,并不是要"战胜上天"。

人类应当学会的是与自然界和谐共处。在生物演化史上,每个物种存在的时间平均100万年,智人产生至今只有二三十万年,目前还不必为演化前景担忧。但是即便是拥有智能的人类,在地球历史的长河里还只是一个"过客",不应当忘记自己"物种之一"的身份而企图凌驾在地球之上。自从光合作用产生以来,地球上的生物在亿万年的过程里将太阳辐射能转化为化学能,将大气里的碳变成了有机碳埋入地下,形成了煤、石油和天然气等矿物燃料。不料近200年来随着工业化的发展,人类将地球生物圈多少亿年来固定的有机碳,通过矿物燃料的焚烧化为CO_2送入大气,人类不仅成了地球历史上最大的"啃老族",而且破坏着自己生存的生态环境。

通过智能的发挥,人类改造了地球表面,但是无论如何成功,都不该"忘本",不能忘记自己是地球生态系统里的一个物种。通过科学拓展了视野的人类,应该有自知之明。我们生活的大千世界,是各种时间尺度的现象相互叠加的复杂系统,既有宇宙大爆炸留下的138亿年前的残余微波辐射,又有每10分钟繁殖一次的海洋细菌。我们面对的大自然,时空尺度分别跨越了35个和40多个数量级,其中地球科学占据其中的20多个(图6.24)。尤其是在时间域,人类在未来面前是无知的,自以为可以凌驾在自然界之上而为所欲为,那无异于夜半临深池的盲人瞎马。拓展认知的时空范围,分辨不同尺度的变化过程,然后又连接成系统而揭示其运行机制,这就是科学家的任务,也是人类社会持续发展的唯一途径。

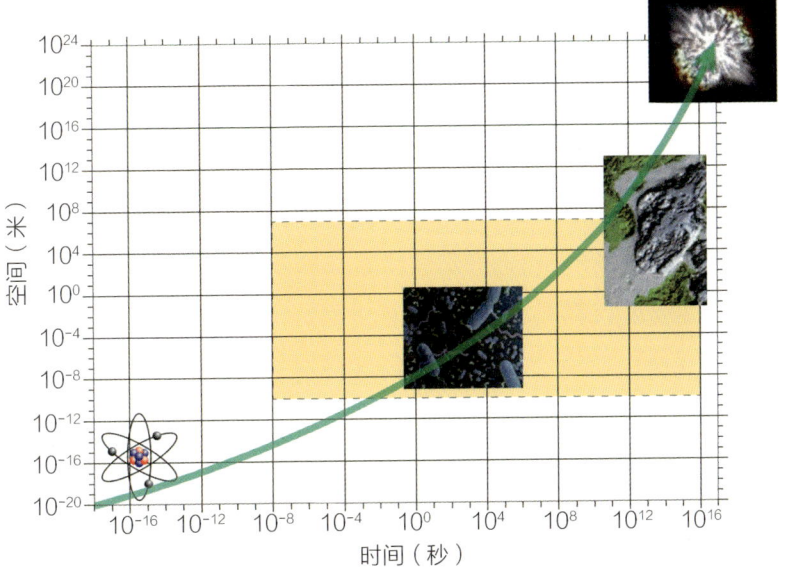

图6.24 自然科学时空尺度。黄色表示地球科学覆盖的范围,四幅插图分别表示基本粒子、生命活动、地质构造和宇宙大爆炸

后话

健康长寿,是我们的共同愿望,也是科学界的责任。一旦放眼整个生物界,就会看到生物的寿命有这么大的差异,甚至生和死的界限都说不清。但是同样惊人的是代谢强度的悬殊,寿命特别长的生物往往代谢作用也特别微弱。我们可以歌颂龟年鹤寿,也可以称赞地下微生物的万年高寿,但是不可能忍受地狱般的休眠生涯。珍惜生命,更要珍惜生命的质量和生命的价值。生而为人,既不能学道教里的扶摇子"靠睡成仙",也不值得学武士道或者恐怖分子去当肉弹,甘心为野心家去当垫脚石。

这两章围绕时空尺度,讲了不少科学珍闻。目的就是一个:从"人类中心"的传统观念里醒过来,放眼大自然,悟见周围动态的世界。地球在不断地变动,太阳系有始也有终,而人类只不过是生物圈里的一个物种。跨越尺度看世界,就会看到地球在变,自转轴的倾角在缩小,使得全球热带面积每年减少 1100 平方千米;海陆在变,仅 2011 年一次 9 级大地震,日本就向太平洋东移了 50 米。再说气候变化,那犹如俄罗斯的套娃,从万年尺度的冰期旋回到年际尺度的厄尔尼诺，是多种尺度过程相互叠加的结果。科学家的任务，就是在这复杂系统中抽丝剥茧，从眼花缭乱的现象中悟出真理。

　　环顾我们周围的世界，是一个不同时间尺度的各种过程相互重叠、相互交织的复杂系统。正因为不同变速的现象同时并存，我们看到空间里的差别，其实是时间差别的投影。不同的星体和地球的距离相差许多光年，所以我们看到的星空，其实是不同时代的星体在天幕上的投影。地球表面的岩石，形成的时代各不相同，所谓地质图就是用不同颜色将不同年龄的岩石画在同一平面上，也是时间在空间里的投影。甚至我国的方言分布图，也是历史的投影。中国方言的形成，是游牧民族入侵引发不同朝代的"衣冠南渡"，南迁的中原居民和南方原住民结合产生了方言，因此闽南话里有唐音，浙江官话含宋韵。科学家的任务，就是要在这投影的平面里看到立体，透过空间进入时间，从千丝万缕的现象里找到规律。

扫一扫，看视频

跋

写这本书的缘起,是我在同济大学开设的课。前几年里,我开了两轮通识课"科学与文化",目的是从文化源头来阐发科学的创新本质。同学们出乎意料的热烈反响,促使我下决心把课程写成书:第一本从文化角度谈科学,第二本从科学角度谈文化。现在你面前的就是这第一本。

可是这本书并没有按照课程的框架写,而是采用科普形式,写了本趣闻集锦,试图通过一连串科学家的故事和科学趣闻,来阐述科学的文化本性。全书6章49节,每节2000字上下,希望形成一种"折叠式"的结构:既可以每一节单独成篇,又能以整章或者整书形成主题。行文编图也选用科普风格,尽量避免说教,只是在每章的结尾加段"后话",点明宗旨。

本书的前四章集中讲科学家,后两章主要讲科学珍闻。科学家从来不是文学写作的好材料,一则因为科学生涯本身似乎平淡无奇,既缺战场的惊险又无情场的激动;二则科学家的行当相隔如山,说的话行内人津津乐道,局外人一头雾水。何况本来科学是个严肃的行当,科学家本不该是市井说笑的材料。

但是科学家极其丰富的内心世界，需要有心人去发掘，"于无声处听惊雷"。为此，我们避开了传统的正面介绍，先从科学家的错误和争论入手，进而分析科学家的性格和他们的艺术情结，通过知名学者们的生平逸事，从侧面刻画科学家精神。

本书的后两章汇集了一批科学趣闻，先后围绕空间视野和时间尺度分别展开。不少科学发现是很有趣的，因此媒体才会热心报道科学新闻。不过媒体炒作具有两面性，既能帮助科学家出名，也会促使科学家走邪。写这两章的目的，是想在科学趣闻的花丛中"采蜜"，提炼出理性认识来拓宽视野；在穿越时空的阅读中"悟道"，看到人类在自然界里的真实位置。

无论是横看世界还是竖看历史，当前中国科学和科学家的社会地位都是如日中天，达到了高点。然而重视不等于发展，科学的投入也不等于产出。时至今日，我们的短板还是模仿有余、创新不足，而创新不足的根子在于文化，这也正是我们呼吁"科学与文化"结合的道理。

科学具有两重性。科学的果实是生产力，而且是第一生产力；科学的土壤是文化，而且是先进文化。作为生产力，科学是有用的；作为文化，科学是有趣的。两者互为条件，一旦失衡就会产生偏差。

尤其是原创性的科学成果，对文化的要求更高。失去文化滋养、缺乏探索驱动的科学研究，只能做技术改良，难以有创新突破。

科学的源头创新，来自对大自然的好奇心；科学的重大突破，来自对传统认识的怀疑。然而在中国的传统文化里，有着不利于创新的成分。大陆的农耕文明强调传承,"代圣人立言"的结果就是"语录"风的盛行。在科学界,这种风气曾在苏联盛行,到我国"文革"时期达到顶峰,当前的表现就是"套话"的遗风,无论哪一种都是科学创新的癌症。如果我们这本以讲小故事为主体的科普书,能够对读者的独立思维有所裨益,那就是对作者劳动最大的报酬。

本书的撰写,得到了多位专家的帮助。在撰写过程中,李大潜审阅了黄金分割和分形几何的章节,周忠和审阅了恐龙部分以及全稿;在完稿以后,又承蒙卞毓麟对书稿做了全面审阅,在此深表感谢。同时要感谢孙湘君的鼓励和作为每段草稿第一读者所给予的建议和批评。追根溯源,还要感谢同济大学校部和海洋学院对"科学与文化"课程的支持,更要感谢出版社王世平和她团队里的程着、殷晓岚,感谢她们对此书出版所给予的非同寻常的热情。

此书尽管篇幅不长,涉及的学科面却极其广泛。在付梓之际回看全稿,反而感到吃惊,怎么会斗胆写那么多自己不熟悉的内容。预计必将会有读者指出书中的疏漏和失误,作者在此预致谢意。

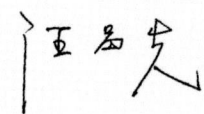

2022 年 4 月 15 日

图片来源

1.4 右 修改自 Stevenson, 2008; 1.5B Lorraine Casazza; 1.5C Jere Lipps; 1.5D Simon Beavington-Pemey; 1.8B Flemming, 2016; 1.8C Langer et al., 2012; 1.11D Tylor, 2018; 1.12 上 O. Louis Mazzatenta; 1.12 下 Stone, 2010; 1.16 修改自 Bhatt, 2019; 2.4C A. Perret; 2.6B Paul Hoffman; 2.6C Fairchild, 2016; 2.9 右 Jorge Pacheco; 2.10 修改自 Ruddiman et al., 2016; 2.12A、B Hsu et al., 1973 & Roveri et al., 2014; 2.12C、D Lugli et al., 2015; 2.16 Tim McDonagh 绘，引自 Michael Ruse，2013; 2.18 Ginger Booth; 3.1 Free library of Philadephia; 3.6 It's No Game from Leicestershire, UK; 3.7 右 Rita Greer; 3.10 左 Anthonyeatworld at the English Wikipedia; 3.10 右 Mike Faherty; 3.11B、E Jared Kofsky Jersey Digs; 3.11C Self-created photo by Jonathunder; 3.11D Thomas Edison Center; 3.12 下 Edison and Ford Winter Estate; 3.16 Smithsonian Institution Archives, Accession 90–105, Science Service Records, Image No. SIA2007-0340; 3.21 右 Keeling, 1960; 4.8 右 Created by Wolfgang Beyer with the program Ultra Fractal 3; 4.9 上中 Isaac Mao; 4.9 上右 Roger Johnston; 4.9 下中 James Alan Smith; 4.9 下右 Carl Jones; 4.12A Stefano Cannas; 4.12B、C Dos & Bertie Winkel; 4.13B–E Lauga and Goldstein, 2012; 4.15A Arlingto Virginia Permanent collection photo by James P. Beirne; 4.15B Ontogenie; 4.16A、B Klaus Kemp; 4.19A Fisher, 2015; 4.23 上 His Majesty The Emperor of Japan, Linnaeus and Taxonomy in Japan, Nature 448, 139–140 (2007); 4.23 下 Akihito and Ikeda, 2021; 4.24B Berthold Werner; 4.27B Triton Submarines; 5.2B Gregory, 1968; 5.2C Bjørn Christian Tørrissen;

5.4B Von Bryan Derken; 5.4C Octavio Ocampo; 5.5 Miller and Murphy, 1995; 5.7B H. J. Schellnhuber, 1999; 5.8A 长沙简牍博物馆; 5.8B 湖南考古研究所; 5.10 Biswarup Ganguly; 5.11 Hay, 2017; 5.12左 Kazakhsteppe.com; 5.13A Mattew T Rader; 5.14B Veennema; 5.14C Bernard Gagnon; 5.14E Roy Funch; 5.14F Jamie Sampaio; 5.15B-D Turner, 2010; 5.16右 Benjamin Getzinger; 5.17A Evyeny Chuvilin; 5.17D Chuvilin et al., 2020; 5.18左 Bjørn Christian Tørrissen; 5.18右 Stapanov Alexander; 5.20 University Ghent, Belgium-Gaetan Borgonie; 5.21B NSF Zina Deretsky; 5.21C Michael Studinger; 6.3右上 Max G. Levy; 6.4A Mike Murphy; 6.4B Karl Brodowsky; 6.5A、B Cano, 1995; 6.5C-F Morono et al., 2020; 6.6 修改自Cook et al., 2006; 6.7右 Pomeroy et al., 2007; 6.9左 Degueulasse; 6.15A Batenburt et al., 2012; 6.16A Well, 1993; 6.19A-C Hoorn et al., 2010; 6.20B Ghedoghedo; 6.20C Parrish, 2014; 6.20 小图 Gene McCathy; 6.21C Smit, 1999; 6.21D Klaus et al., 2000

感谢视觉中国、Alamy、Pixel等对图片购买提供的帮助。

本书地图由中华地图学社根据相关文献绘制，由中华地图学社授权使用，地图著作权归中华地图学社所有。

图书在版编目(CIP)数据

科坛趣话:科学、科学家与科学家精神/汪品先著. —上海:上海科技教育出版社,2022.10(2023.4重印)
ISBN 978-7-5428-7837-3

Ⅰ.①科… Ⅱ.①汪… Ⅲ.①科学知识–普及读物 Ⅳ.①Z228

中国版本图书馆CIP数据核字(2022)第169024号

图书策划　王世平
责任编辑　殷晓岚　程着
装帧设计　杨静

科坛趣话——科学、科学家与科学家精神
汪品先　著

出版发行	上海科技教育出版社有限公司 (上海市闵行区号景路159弄A座8楼　邮政编码201101)
网　　址	www.sste.com　www.ewen.co
经　　销	各地新华书店
印　　刷	上海中华印刷有限公司
开　　本	720×1000　1/16
印　　张	15
版　　次	2022年10月第1版
印　　次	2023年4月第3次印刷
书　　号	ISBN 978-7-5428-7837-3/N·1162
审 图 号	GS(2022)4610号
定　　价	88.00元